ゼロからはじめる ドコモ【アクオス アールエイト／アールエイトプロ】

AQUOS R8 /R8 pro

docomo

AQUOS R8 / R8 pro SH-52D / SH-51D スマートガイド

技術評論社編集部 著

技術評論社

CONTENTS

Chapter 1
AQUOS R8 SH-52D／R8 pro SH-51Dのキホン

Chapter 2
電話機能を使う

Chapter 3
インターネットとメールを利用する

CONTENTS

Chapter 4 Googleのサービスを使いこなす

Chapter 5 音楽や写真、動画を楽しむ

Chapter 6 ドコモのサービスを利用する

Chapter 7
SH-52D ／ SH-51D を使いこなす

ご注意：ご購入・ご利用の前に必ずお読みください

●本書に記載した内容は、情報の提供のみを目的としています。したがって、本書を用いた運用は、必ずお客様自身の責任と判断によって行ってください。これらの情報の運用の結果について、技術評論社および著者、アプリの開発者はいかなる責任も負いません。

●ソフトウェアに関する記述は、特に断りのない限り、2023年9月現在での最新バージョンをもとにしています。ソフトウェアはバージョンアップされる場合があり、本書での説明とは機能内容や画面図などが異なってしまうこともあり得ます。あらかじめご了承ください。

●本書は以下の環境で動作を確認しています。ご利用時には、一部内容が異なることがあります。あらかじめご了承ください。
端末：AQUOS R8 Pro SH-51D（Android 13）
パソコンのOS：Windows 11

●本書はSH-51Dの初期状態と同じく、ダークモードがオンの状態で解説しています（Sec.65参照）。

●インターネットの情報については、URLや画面などが変更されている可能性があります。ご注意ください。

以上の注意事項をご承諾いただいたうえで、本書をご利用願います。これらの注意事項をお読みいただかずに、お問い合わせいただいても、技術評論社は対処しかねます。あらかじめ、ご承知おきください。

Chapter 1

AQUOS R8 SH-52D／R8 pro SH-51Dのキホン

AQUOS R8 SH-52D／R8 pro SH-51Dについて

AQUOS R8 SH-52DとR8 pro SH-51Dは、ドコモから発売されたシャープ製のスマートフォンです。Googleが提供するスマートフォン向けOS「Android」を搭載しています。

SH-52DとSH-51Dの違い

本書の操作解説は、AQUOS R8 SH-52DとAQUOS R8 pro SH-51Dの両方に対応しています。両者の違いは、カメラの性能、ディスプレイのサイズ／画素数、内蔵メモリの容量、バッテリー容量のほか、生体認証、5G、耐衝撃性などの機能にも違いがあります。なお、本書では両端末の名前をSH-52D ／ SH-51Dと型番で表記します。

●SH-52Dのカメラモジュール

●SH-51Dのカメラモジュール

	SH-52D	SH-51D
本体サイズ	159×74×8.7mm	161×77×9.3mm
本体カラー	ブルー／クリーム	ブラックのみ
本体重量	約179g	約203g
ディスプレイ	6.4インチ／ Pro IGZO OLED ／ 1,080×2,340ドット	6.6インチ／ Pro IGZO OLED ／ 1,260×2,730ドット
内蔵RAM	8Gバイト	12Gバイト
バッテリー	4,570mAh	5,000mAh
標準カメラ	裏面照射積層型CMOS ／約5,030万画素（標準）／約1,300万画素（広角）	裏面照射積層型CMOS ／約4,720万画素（標準）／約190万画素（距離用センサー）／ 14chスペクトルセンサー
インカメラ	裏面照射積層型CMOS ／有効画素数約800万画素	裏面照射積層型CMOS ／有効画素数約1,260万画素
充電性能	インテリジェントチャージ	インテリジェントチャージワイヤレス充電／チャージシェア対応
5G	sub6：n1 / n3 / n5 / n28 / n41 / n77 / n78 / n79ミリ波：ー	sub6：n1 / n3 / n5 / n28 / n41 / n77 / n78 / n79ミリ波：n257
防水	IPX5	IPX5
防塵	IPX8（お風呂防水）	IPX8（お風呂防水対応）
耐衝撃性	MIL-STD-810G	ー

SH-52DとSH-51Dの本体カラー

SH-52D（ブルー）

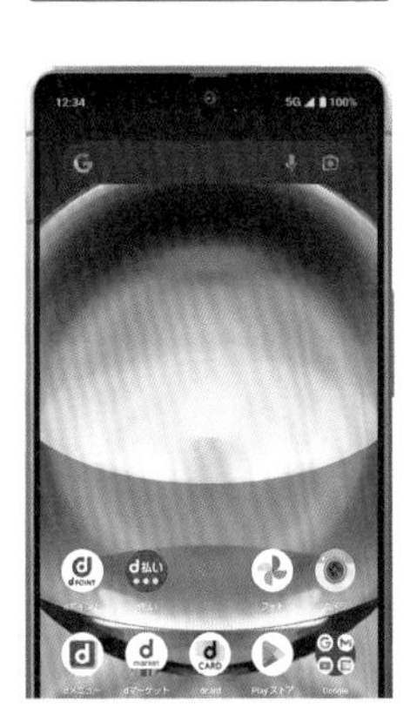

SH-52D（クリーム）

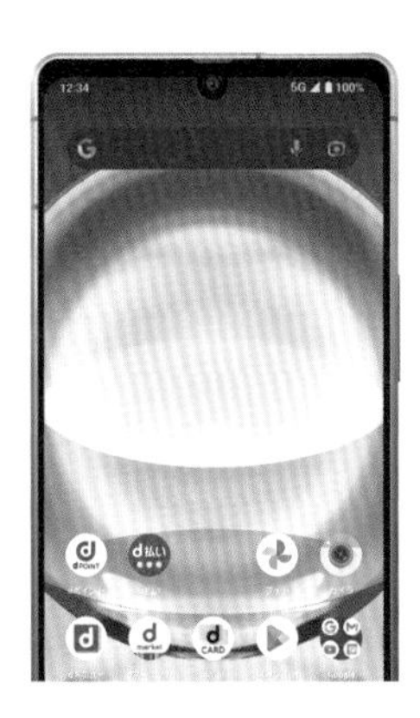

SH-51D（ブラック）

本体カラーは、SH-52Dはブルーとクリームの2種類から選択でき、SH-51Dはブラックのみです。それぞれ本体のカラーに合わせた、標準の壁紙が用意されています。

Section 02

電源のオン／オフとロックの解除

電源の状態には、オン、オフ、スリープモードの3種類があります。3つのモードは、すべて電源キーで切り替えが可能です。一定時間操作しないと、自動でスリープモードに移行します。

1

ロックを解除する

① スリープモードで電源キーを押すか、指紋センサーをタッチします。

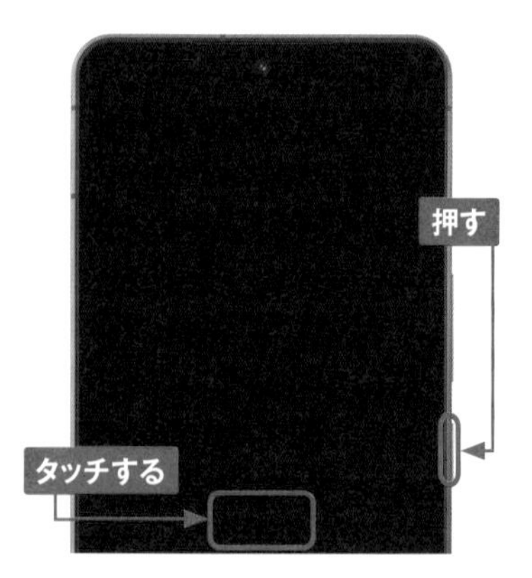

② ロック画面が表示されるので、画面を上方向にスライド（P.13参照）します。

③ ロックが解除され、ホーム画面が表示されます。再度、電源キーを押すと、スリープモードになります。

MEMO **スリープモードとは**

スリープモードは画面の表示を消す機能です。本体の電源は入ったままなので、すぐに操作を再開できます。ただし、通信などを行っているため、その分バッテリーを消費してしまいます。電源を完全に切り、バッテリーをほとんど消費しなくなる電源オフの状態と使い分けましょう。

電源を切る

① 音量UPキー（音量キーの上側）と電源キーを同時に押します。

② 表示された画面の［電源を切る］をタッチすると、数秒後に電源が切れます。

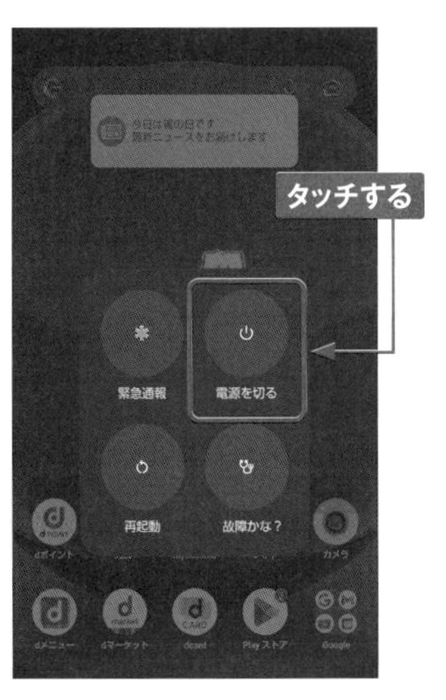

③ 電源をオンにするには、電源キーを3秒以上押します。

MEMO ロック画面からのカメラの起動

ロック画面からカメラを起動するには、ロック画面で◎を画面中央にスワイプします。

Section 03

SH-52D ／ SH-51Dの基本操作を覚える

SH-52D ／ SH-51Dのディスプレイはタッチパネルです。指でディスプレイをタッチすることで、いろいろな操作が行えます。また、本体下部のナビゲーションバーにあるキーの使い方も覚えましょう。

1 ナビゲーションバーのキーの操作

本体下部のナビゲーションバーには、3つのキーがあります。キーは、基本的にすべてのアプリで共通する操作が行えます。また、一部の画面ではナビゲーションバーの右側か画面右上にメニューキー⋮が表示されます。メニューキーをタッチすると、アプリごとに固有のメニューが表示されます。

ナビゲーションバーのキーとそのおもな機能		
◀	戻るキー／閉じるキー	1つ前の画面に戻ります。
●	ホームキー	ホーム画面が表示されます。一番左のホーム画面以外を表示している場合は、一番左の画面に戻ります。ロングタッチでGoogleアシスタント（Sec.34参照）が起動します。
■	アプリ使用履歴キー	最近使用したアプリが表示されます（P.21参照）。

タッチパネルの操作

タッチ

タッチパネルに軽く触れてすぐに指を離すことを「タッチ」といいます。

スライド(スワイプ)

画面内に表示しきれない場合など、タッチパネルに軽く触れたまま特定の方向へなぞることを「スライド」または「スワイプ」といいます。

ロングタッチ

アイコンやメニューなどに長く触れた状態を保つことを「ロングタッチ」といいます。

フリック

タッチパネル上を指ではらうように操作することを「フリック」といいます。

ピンチアウト/ピンチイン

2本の指をタッチパネルに触れたまま指を開くことを「ピンチアウト」、閉じることを「ピンチイン」といいます。

ドラッグ

アイコンやバーに触れたまま、特定の位置までなぞって指を離すことを「ドラッグ」といいます。

Section 04

ホーム画面の使い方

タッチパネルの基本的な操作方法を理解したら、ホーム画面の見方や使い方を覚えましょう。本書ではホームアプリを「docomo LIVE UX」に設定した状態で解説を行っています。

ホーム画面の見方

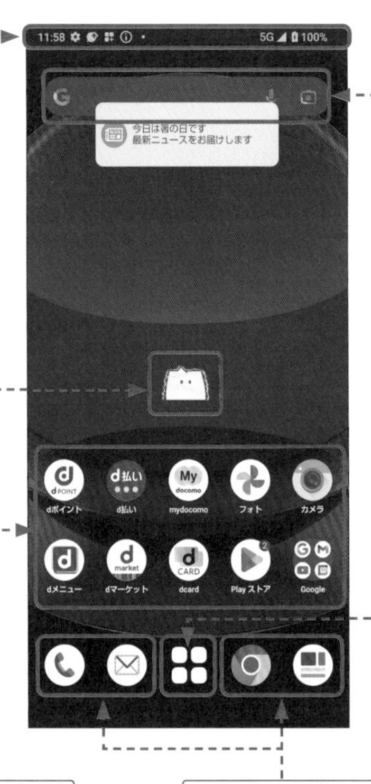

ステータスバー
お知らせアイコンやステータスアイコンが表示されます（Sec.05参照）。

クイック検索ボックス
タッチすると、検索画面やトピックが表示されます。黒く表示されている場合は「ダークモード」（Sec.65参照）がオンになっています。

マチキャラ
知りたい情報を教えてくれます。表示はオフにもできます。

アプリ一覧ボタン
タッチすると、インストールしているすべてのアプリのアイコンが表示されます（Sec.07参照）。

アプリアイコンとフォルダ
タッチするとアプリが起動したり、フォルダの内容が表示されます。

ドック
タッチすると、アプリが起動します。なお、この場所に表示されているアイコンは、すべてのホーム画面に表示されます。

ホーム画面を左右に切り替える

① ホーム画面は左右に切り替えることができます。ホーム画面を左方向にフリックします。

② ホーム画面が1つ右の画面に切り替わります。

③ ホーム画面を右方向にフリックすると、もとの画面に戻ります。

MEMO マイマガジンや my daizの表示

ホーム画面を上方向にフリックすると、「マイマガジン」(Sec.51参照)が表示されます。また、ホーム画面でマチキャラをタッチすると「my daiz」(Sec.48参照)が表示されます。

Section 05

情報を確認する

画面上部に表示されるステータスバーから、さまざまな情報を確認することができます。ここでは、通知される表示の確認方法や、通知を削除する方法を紹介します。

1

 ステータスバーの見方

12:10 5G 100%

お知らせアイコン

不在着信や新着メール、実行中の作業などを通知するアイコンです。

ステータスアイコン

電波状態やバッテリー残量など、主にSH-52D ／ SH-51Dの状態を表すアイコンです。

お知らせアイコン	
	新着Gmailあり
	不在着信あり
	伝言メモあり
	新着＋メッセージあり
	アラーム情報あり
	何らかのエラーの表示

ステータスアイコン	
	マナーモード（ミュート）設定中
	マナーモード（バイブレーション）設定中
	Wi-Fiのレベル（5段階）
	電波のレベル（5段階）
	バッテリー残量
	Bluetooth接続中

通知を確認する

① メールや電話の通知、SH-52D／SH-51Dの状態を確認したいときは、ステータスバーを下方向にドラッグします。

② ステータスパネルが表示されます。各項目の中から不在着信やメッセージの通知をタッチすると、対応するアプリが起動します。ここでは［すべて消去］をタッチします。

③ ステータスパネルが閉じ、お知らせアイコンの表示も消えます（消えないお知らせアイコンもあります）。なお、ステータスパネルを上方向にスライドすることでも、ステータスパネルが閉じます。

MEMO ロック画面での通知表示

スリープモード時に通知が届いた場合、ロック画面に通知内容が表示されます。ロック画面に通知を表示させたくない場合は、P.161を参照してください。

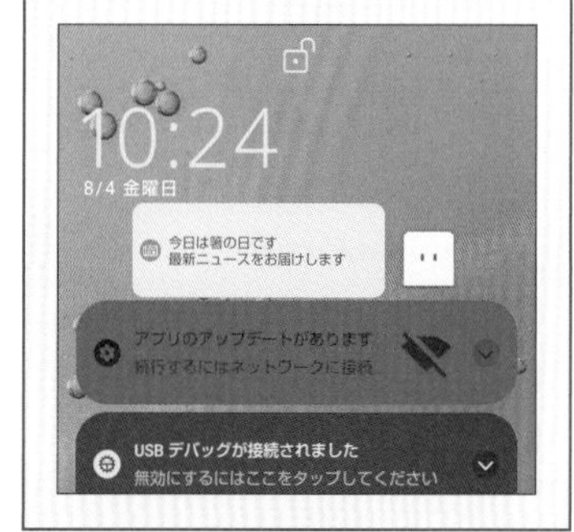

Section 06

ステータスパネルを利用する

ステータスパネルは、主な機能をかんたんに切り替えられるほか、状態もひと目でわかるようになっています。ステータスパネルが黒く表示されている場合は、ダークモード（Sec.65参照）がオンになっています。

1

ステータスパネルを展開する

① ステータスバーを下方向にドラッグすると、ステータスパネルと機能ボタンが表示されます。機能ボタンをタッチすると、機能のオン／オフを切り替えることができます。

② 機能ボタンが表示された状態で、さらに下方向にドラッグすると、ステータスパネルが展開されます。

③ ステータスパネルの画面を左方向にフリックすると、次のパネルに切り替わります。

MEMO そのほかの表示方法

ステータスバーを2本指で下方向にドラッグして、ステータスパネルを展開することもできます。ステータスパネルを非表示にするには、上方向にドラッグするか、◁をタッチします。

ステータスパネルの機能ボタン

タッチで機能ボタンのオン／オフを切り替えられるだけでなく、ロングタッチすると詳細な設定が表示される機能ボタンもあります。

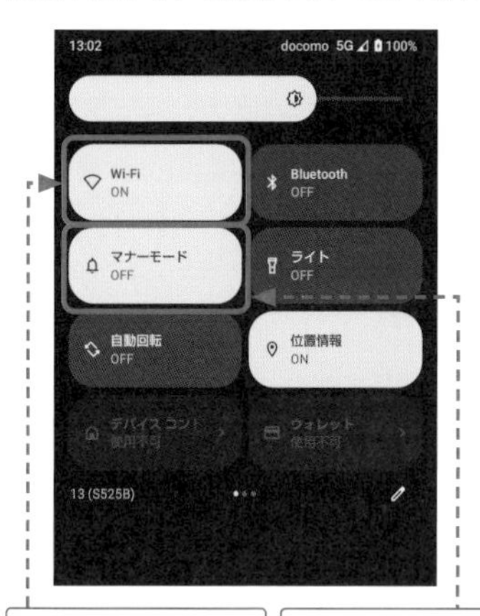

ロングタッチすると詳細な設定が表示される。

タッチしてオン／オフを切り替えられる。

このボタンをタッチすると、機能ボタンをドラッグして並べ替え・追加・削除などができる画面が表示表示される。

機能ボタン	オンにしたときの動作
Wi-Fi	Wi-Fi（無線LAN）をオンにし、アクセスポイントを表示します（Sec.68参照）。
Bluetooth	Bluetoothをオンにします（Sec.70参照）。
マナーモード	マナーモードを切り替えます（P.63参照）。
ライト	SH-52D ／ SH-51Dの背面のモバイルライトを点灯します。
自動回転	SH-52D ／ SH-51Dを横向きにすると、画面も横向きに表示されます。
機内モード	すべての通信をオフにします。
位置情報	位置情報をオンにします。
リラックスビュー	目の疲れない暗めの画面になります（Sec.61参照）。
テザリング	Wi-Fiテザリングをオンにします（Sec.69参照）。
長エネスイッチ	バッテリーの消費を抑えます（P.180参照）。
ニアバイシェア	付近のデバイスとのファイル共有について設定します。
キャスト	対応ディスプレイやパソコンにWi-Fiで画面を表示します。
スクリーンレコード	表示中の画面を動画として録画できます。
アラーム	アラームを鳴らす時間を設定します。

アプリを利用する

アプリ一覧画面には、さまざまなアプリのアイコンが表示されています。それぞれのアイコンをタッチするとアプリが起動します。ここでは、アプリの終了方法や切り替え方もあわせて覚えましょう。

アプリを起動する

① ホーム画面のアプリ一覧ボタンをタッチします。

② アプリ一覧画面が表示されるので、任意のアプリのアイコン（ここでは［設定］）をタッチします。

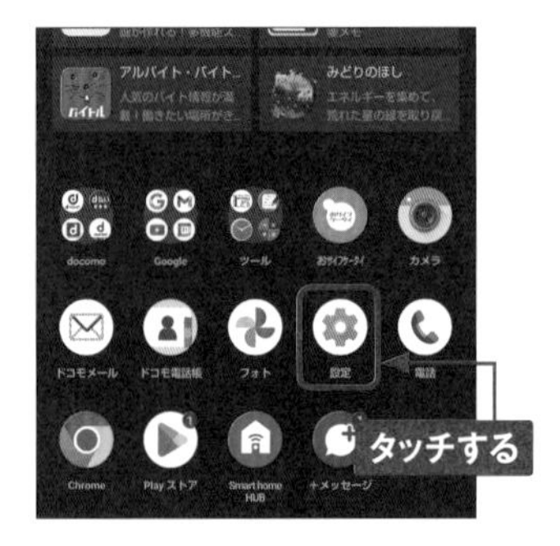

③ 設定メニューが開きます。アプリの起動中に◀をタッチすると、1つ前の画面（ここではアプリ一覧画面）に戻ります。

MEMO アプリのアクセス許可

アプリの初回起動時に、アクセス許可を求める画面が表示されることがあります。その際は［許可］をタッチして進みます。許可しない場合、アプリが正しく機能しないことがあります（対処法はSec.63参照）。

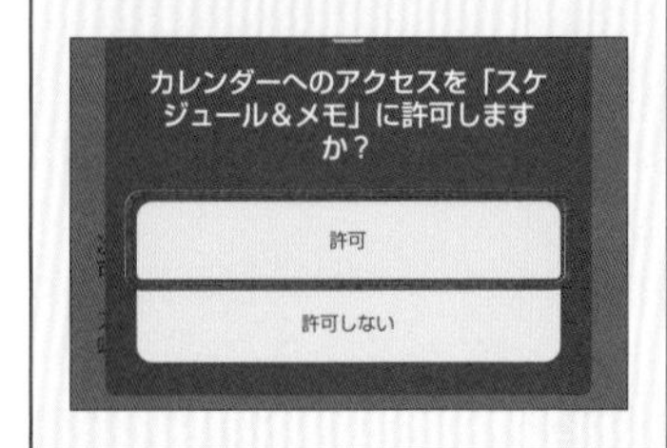

アプリを終了する

① アプリの起動中やホーム画面で■をタッチします。

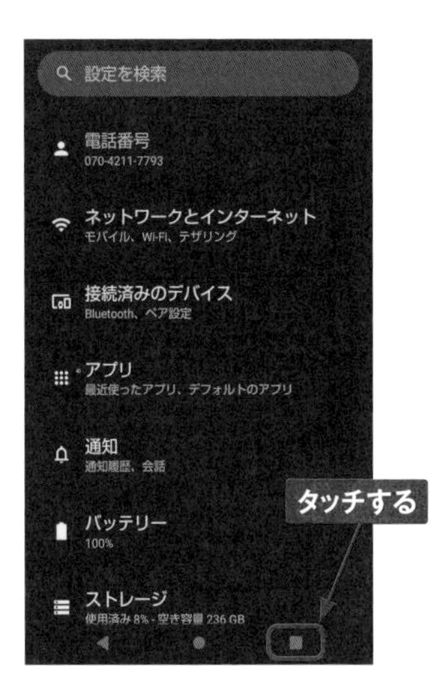

② 最近使用したアプリが一覧表示されるので、終了したいアプリを上方向にフリックします。

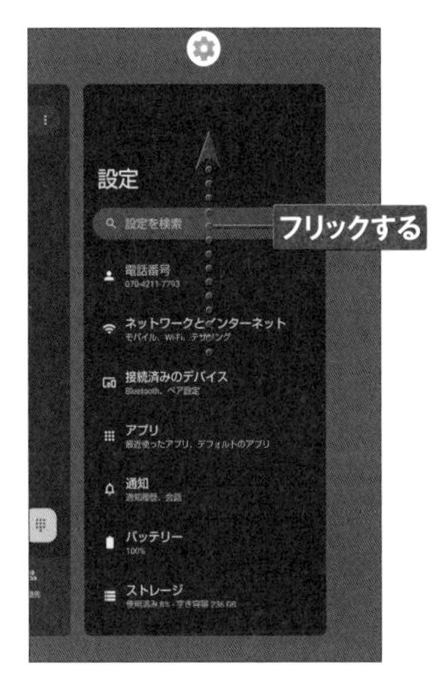

③ フリックしたアプリが終了します。すべてのアプリを終了したい場合は、右方向にフリックし、［すべてクリア］をタッチします。

MEMO アプリの切り替え

手順②の画面でアプリをタッチすると、そのアプリの画面に切り替わります。

Section 08

ウィジェットを利用する

SH-52D ／ SH-51Dのホーム画面にはウィジェットが表示されています。ウィジェットを使うことで、情報の確認やアプリへのアクセスをホーム画面上からかんたんに行うことができます。

1

ウィジェットとは

ウィジェットは、ホーム画面で動作する簡易的なアプリのことです。さまざまな情報を自動的に表示したり、タッチすることでアプリにアクセスしたりできます。SH-52D ／ SH-51Dに標準でインストールされているウィジェットは50種類以上あり、Google Play（Sec.35参照）でダウンロードするとさらに多くの種類のウィジェットを利用できます。また、ウィジェットを組み合わせることで、自分好みのホーム画面の作成が可能です。

アプリの情報を簡易的に表示するウィジェットです。タッチするとアプリが起動します。

時刻、日付、設定した地域の天候・気温などを表示するウィジェットです。

ウィジェットを設置すると、ホーム画面でアプリの操作や設定の変更、ニュースやWebサービスの更新情報のチェックなどができます。

ホーム画面にウィジェットを追加する

① ホーム画面の何もない箇所をロングタッチし、表示されたメニューの［ウィジェット］をタッチします。

② 「ウィジェット」画面でウィジェットのカテゴリの1つをタッチして展開し、ホーム画面に追加したいウィジェットをロングタッチします。

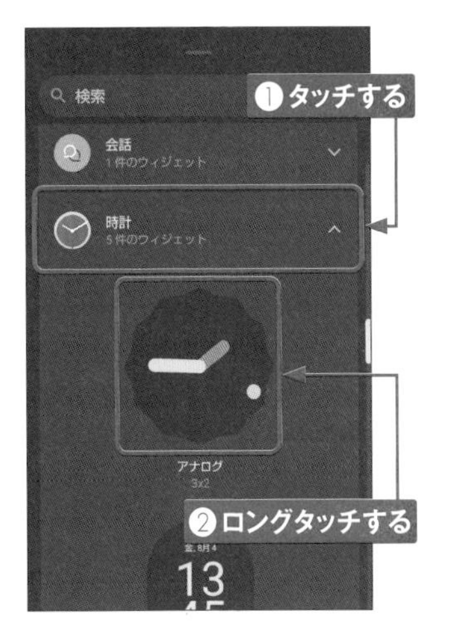

③ ホーム画面に切り替わるので、ウィジェットを配置したい場所までドラッグします。

④ ホーム画面にウィジェットが追加されます。ウィジェットをロングタッチすると、ドラッグによる移動・削除のほか、表示する情報の設定などができます。

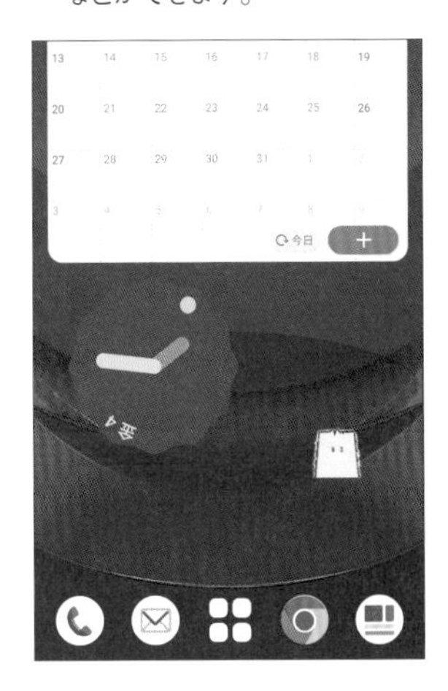

1

Section 09

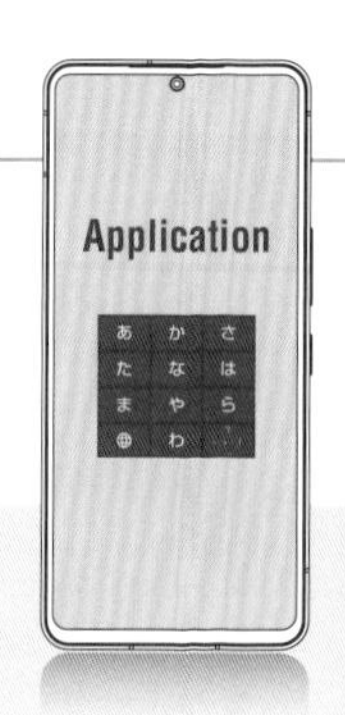

文字を入力する

SH-52D ／ SH-51Dでは、ソフトウェアキーボードで文字を入力します。「テンキーボード」（一般的な携帯電話の入力方法）や「QWERTYキーボード」などを切り替えて使用できます。

SH-52D ／ SH-51Dの文字入力方法

Gboard

タッチすると音声入力が有効になる

音声入力

音声入力が有効の状態

S-Shoin

MEMO　3種類の入力方法

SH-52D ／ SH-51Dは標準で「Gboard」と「音声入力」の2種類の入力方法を利用できます。AQUOSトリック（P.172参照）からインストールすることで、「S-Shoin」も利用できます。本書の解説では「Gboard」を使用しています。

キーボードを切り替える

① キー入力が可能な画面になると、Gboardのキーボードが表示されます。⚙をタッチします。

② ［言語］をタッチします。

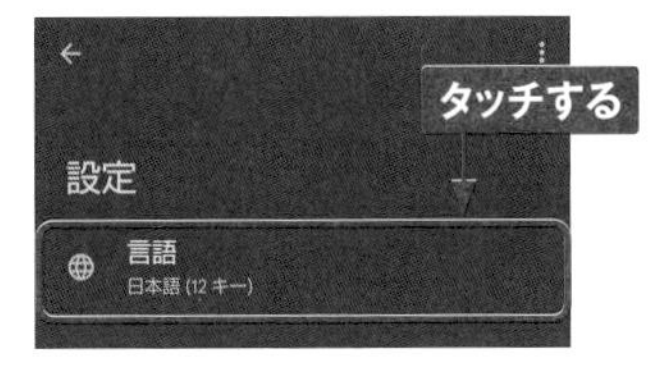

③ ［日本語］をタッチします。

④ この画面で［QWERTY］をタッチします。

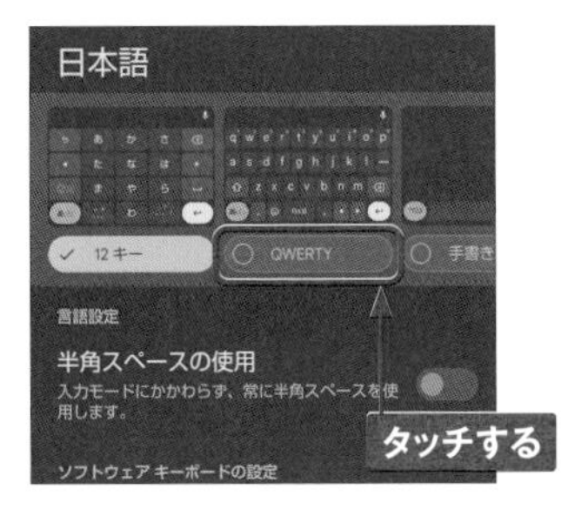

⑤ 「QWERTY」にチェックが入ったことを確認し、［完了］をタッチします。

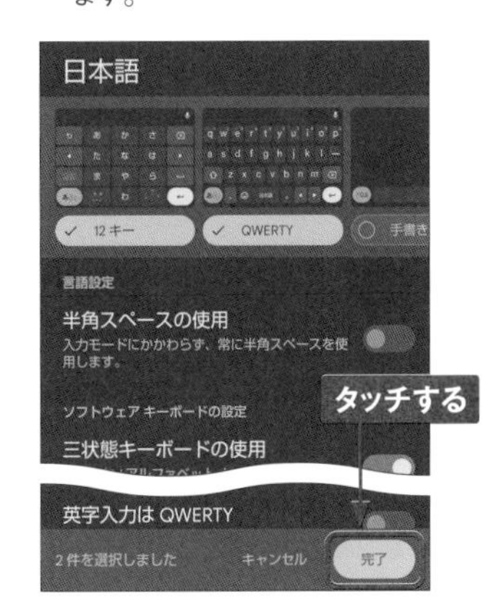

⑥ 「QWERTY」が追加されたことを確認し、←をタッチします。

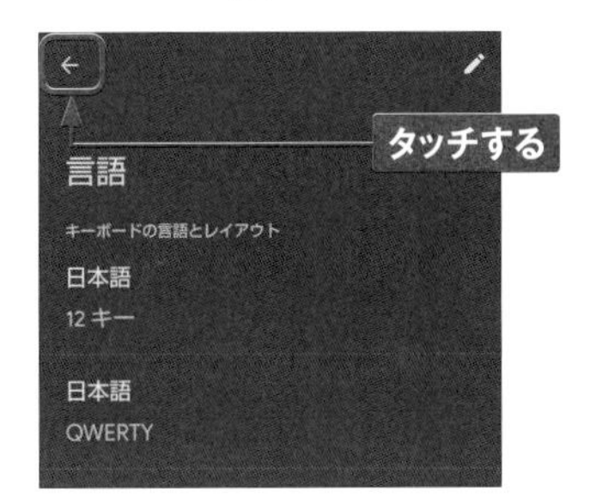

⑦ キーボードに表示された🌐をタッチすると、12キーボードとQWERTYキーボードを切り替えできます。

テンキーボードで文字を入力する

●トグル入力をする

1 テンキーボードは、一般的な携帯電話と同じ要領で入力が可能です。たとえば、あを5回→かを1回→さを2回タッチすると、「おかし」と入力されます。

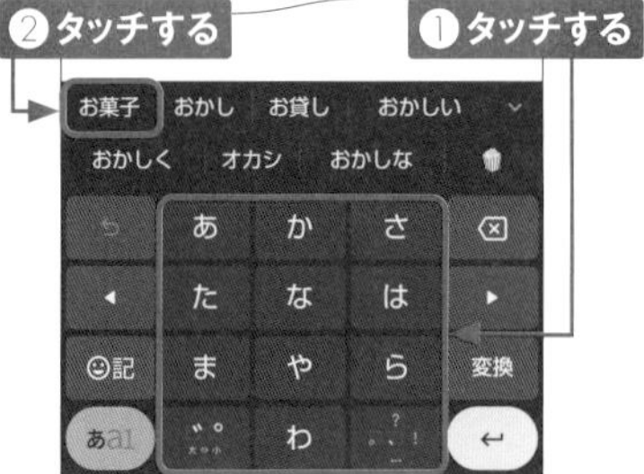

2 変換候補から選んでタッチすると、変換が確定します。手順①でをタッチして、変換候補の欄をスライドすると、さらにたくさんの候補を表示できます。

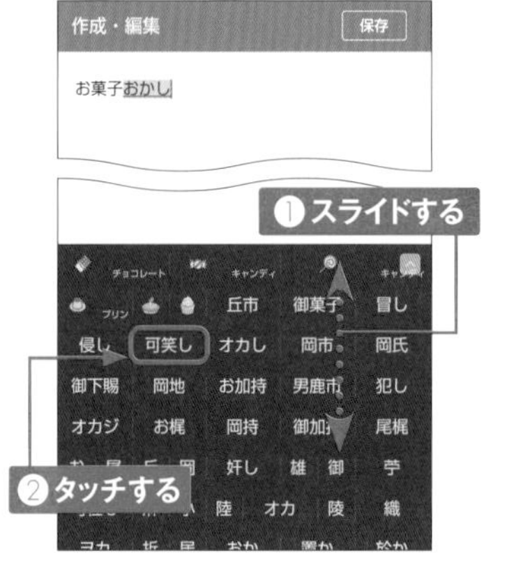

●フリック入力をする

1 テンキーボードでは、キーを上下左右にフリックすることでも文字を入力できます。キーをタッチするとガイドが表示されるので、入力したい文字の方向へフリックします。

2 フリックした方向の文字が入力されます。ここでは、あを下方向にフリックしたので、「お」が入力されました。

QWERTYキーボードで文字を入力する

① QWERTYキーボードでは、パソコンのローマ字入力と同じ要領で入力が可能です。たとえば、sekaiとタッチすると、変換候補が表示されます。候補の中から変換したい単語をタッチすると、変換が確定します。

② 文字を入力し、[変換] をタッチしても文字が変換されます。

③ 希望の変換候補にならない場合は、◀／▶をタッチして範囲を調節します。

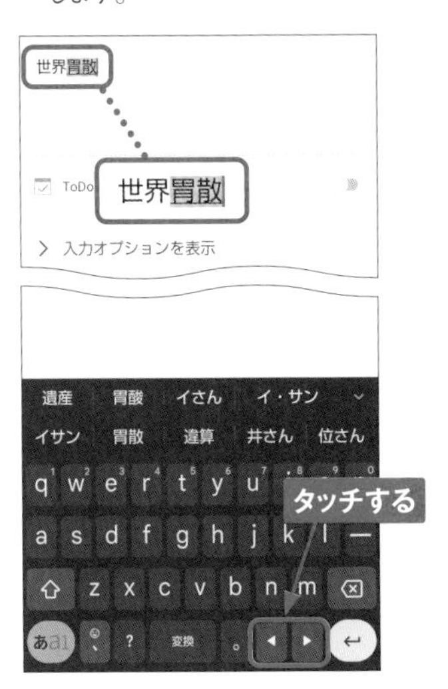

④ ↵をタッチすると、ハイライト表示の文字部分の変換が確定します。

文字種を変更する

1. あa1をタッチするごとに、「ひらがな漢字」→「英字」→「数字」の順に文字種が切り替わります。あのときは日本語を入力できます。

2. aのときは半角英字を入力できます。あa1をタッチします。

3. 1のときは半角数字を入力できます。再度あa1をタッチすると、日本語入力に戻ります。

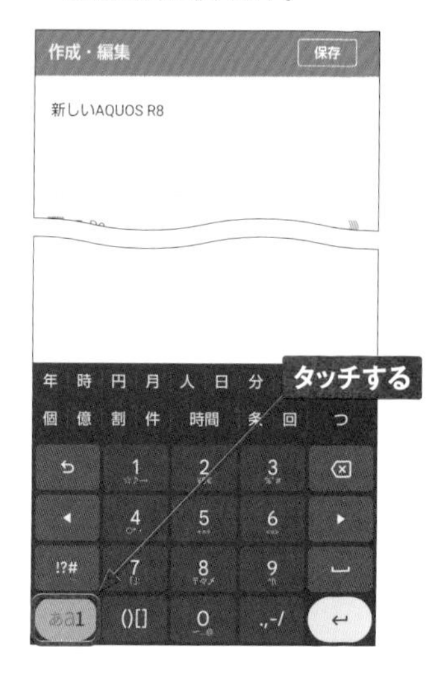

キーボードの設定

キーボードの画面で⚙→［設定］の順にタッチすると、片手モードのオン／オフ、キー操作音のオン／オフ、キー操作音の音量など、キーボード入力のさまざまな設定ができます。

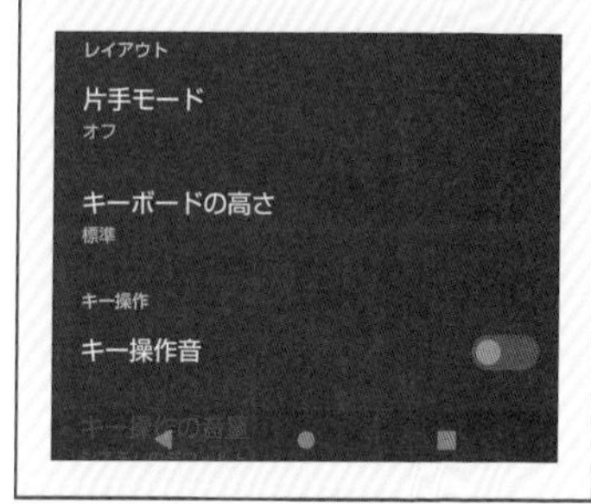

絵文字や記号、顔文字を入力する

1 12キーで絵文字や記号、顔文字を入力したい場合は、☺記をタッチします。

2 「絵文字」の表示欄を上下にスライドし、目的の絵文字をタッチすると入力できます。☆をタッチします。

3 「記号」を手順②と同様の方法で入力できます。:-)をタッチします。

4 「顔文字」を入力できます。あいうをタッチします。

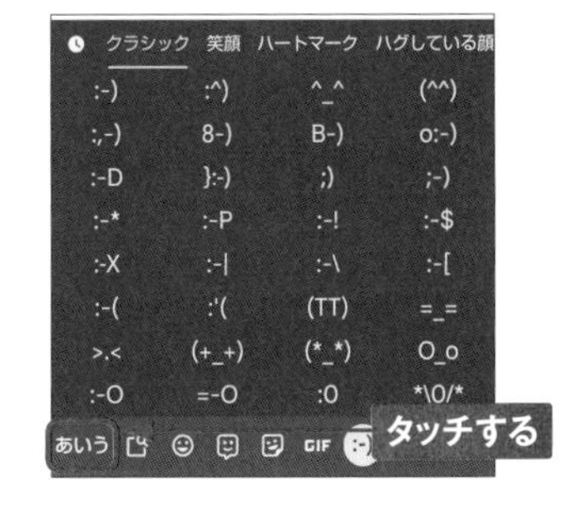

5 通常の文字入力画面に戻ります。

Section 10

テキストをコピー&ペーストする

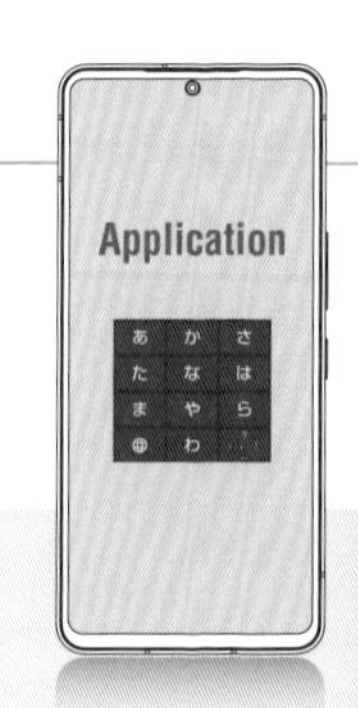

SH-52D ／ SH-51Dは、パソコンと同じように自由にテキストをコピー&ペーストできます。コピーしたテキストは、別のアプリにペースト（貼り付け）して利用することもできます。

テキストをコピーする

1 コピーしたいテキストを2回タッチします。

2 テキストが選択されます。●と●を左右にドラッグして、コピーする範囲を調整します。

3 ［コピー］をタッチします。

4 選択したテキストがコピーされました。

テキストをペーストする

① 入力欄で、テキストをペースト（貼り付け）したい位置をロングタッチします。

② ［貼り付け］をタッチします。

③ コピーしたテキストがペーストされます。

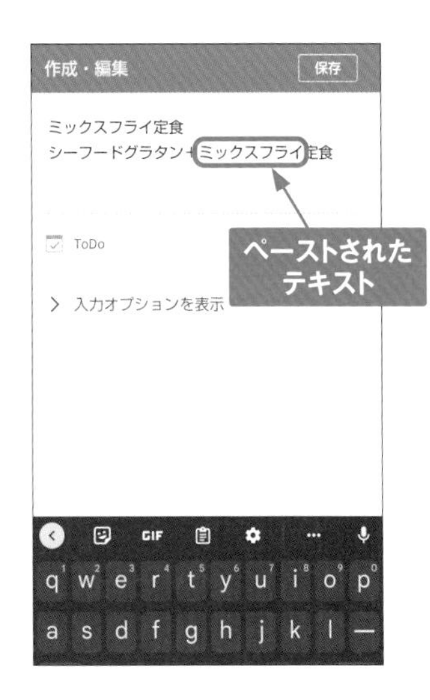

MEMO 履歴からコピーする

手順①の画面で📋→［クリップボードをオンにする］の順でタッチすると、コピーしたテキストが履歴として保管されます。手順②で［貼り付け］をタッチすると、履歴から選んでペーストできるようになります。

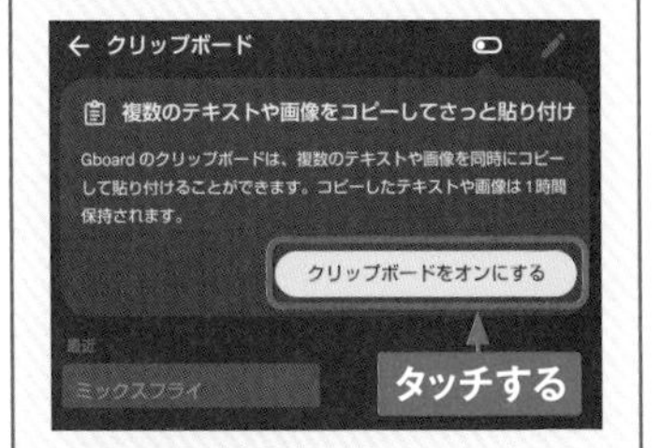

1

Section 11

Googleアカウントを設定する

本体にGoogleアカウントを設定すると、Googleが提供するサービスが利用できます。ここではGoogleアカウントを作成して設定します。作成済みのGoogleアカウントを設定することもできます。

Googleアカウントを設定する

① P.20手順①～②を参考に、アプリ一覧画面で［設定］をタッチします。

② 設定メニューが開くので、画面を上方向にスライドして、［パスワードとアカウント］をタッチします。

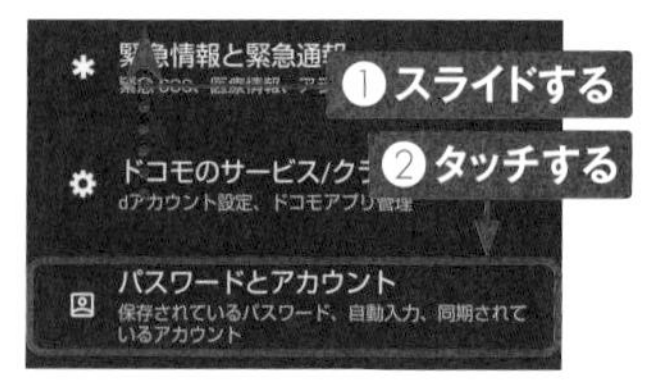

③ ［アカウントを追加］をタッチします。

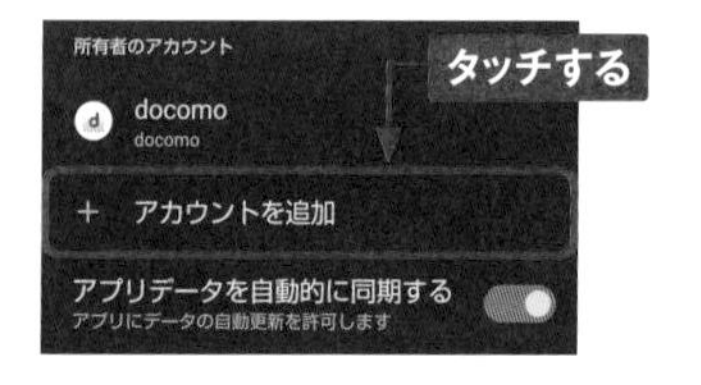

④ 「アカウントの追加」画面が表示されるので、［Google］をタッチします。

MEMO Googleアカウントとは

Googleアカウントを作成すると、Googleが提供する各種サービスへログインすることができます。アカウントの作成に必要なのは、メールアドレスとパスワードの登録だけです。本体にGoogleアカウントを設定しておけば、Gmailなどのサービスがかんたんに利用できます。

5 ［アカウントを作成］→［自分用］の順にタッチします。作成済みのアカウントを使う場合は、アカウントのメールアドレスまたは電話番号を入力します（右下のMEMO参照）。

6 上の欄に「姓」、下の欄に「名」を入力し、［次へ］をタッチします。

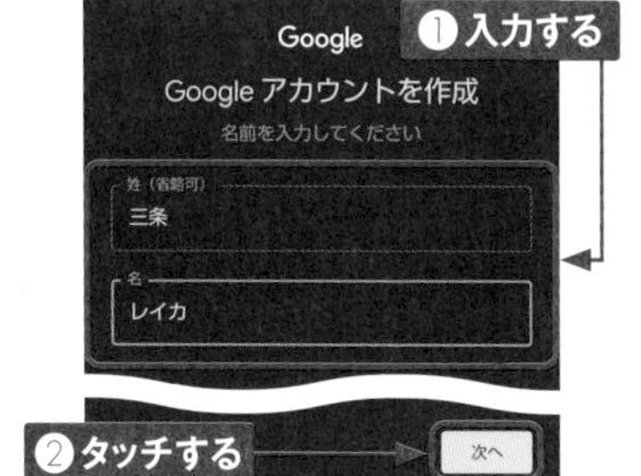

7 生年月日と性別をタッチして設定し、［次へ］をタッチします。

8 ［自分でGmailアドレスを作成］をタッチして、希望のメールアドレスを入力し、［次へ］をタッチします。

9 パスワードを入力し、［次へ］をタッチします。

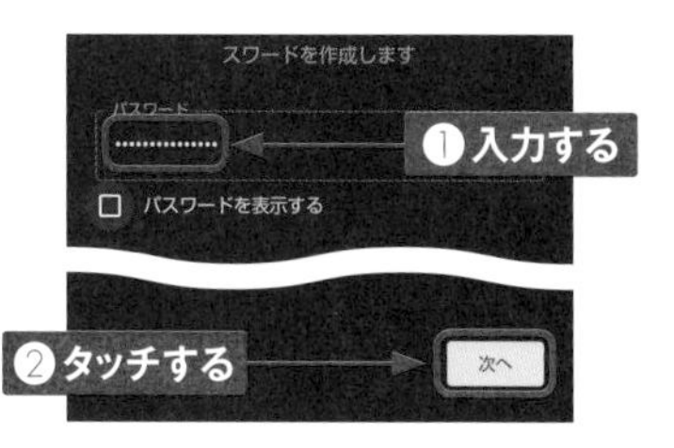

MEMO

既存のアカウントの利用

作成済みのGoogleアカウントがある場合は、手順⑤の画面でメールアドレスまたは電話番号を入力して、［次へ］をタッチします。次の画面でパスワードを入力すると、「ようこそ」画面が表示されるので、［同意する］をタッチし、P.35手順⑭以降の解説に従って設定します。

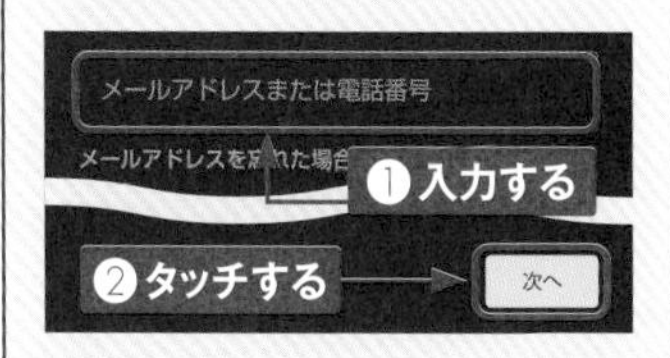

1

⑩ パスワードを忘れた場合のアカウント復旧に使用するために、電話番号を登録します。画面を上方向にスライドします。

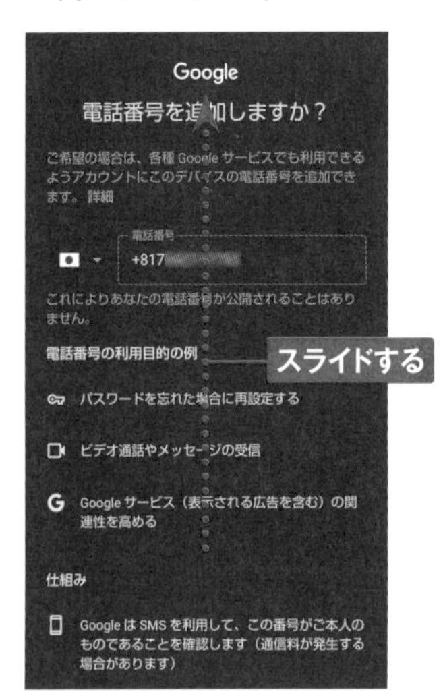

⑪ 説明を確認して、ここでは［はい、追加します］をタッチします。電話番号を登録しない場合は、［その他の設定］→［いいえ、電話番号を追加しません］→［完了］の順にタッチします。

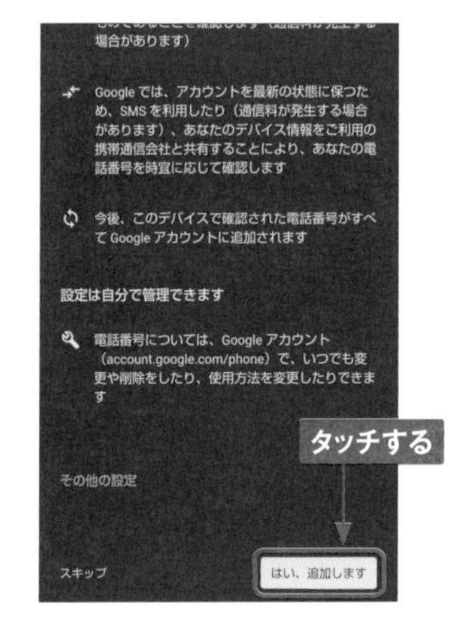

⑫ 「アカウント情報の確認」画面が表示されたら、［次へ］をタッチします。

⑬ プライバシーと利用規約の内容を確認して、［同意する］をタッチします。

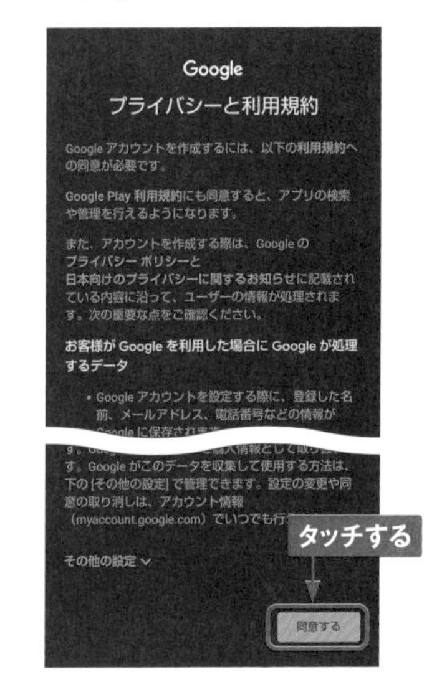

⑭ 画面を上方向にスライドし、利用したいGoogleサービスがオンになっていることを確認して、[同意する] をタッチします。

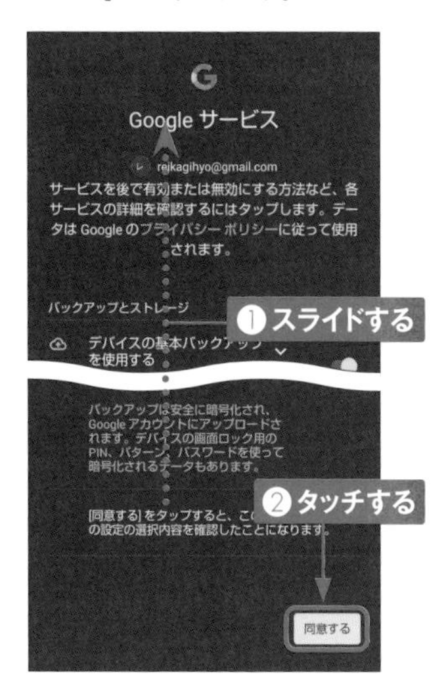

⑮ P.32手順③の「パスワードとアカウント」画面に戻ります。作成したGoogleアカウントが表示されるのでタッチします。

⑯ [アカウントの同期] をタッチします。

⑰ 同期可能なサービスが表示されます。サービス名をタッチすると、同期のオン/オフを切り替えることができます。

Section 12

ドコモのIDとパスワードを設定する

Application

My docomo

SH-52D ／ SH-51Dにdアカウントを設定すると、NTTドコモが提供するさまざまなサービスをインターネット経由で利用できます。また、spモードパスワードも初期値から変更しておきましょう。

1

1 dアカウントとは

「dアカウント」とは、NTTドコモが提供しているさまざまなサービスを利用するためのIDです。dアカウントを作成し、SH-52D ／ SH-51Dに設定することで、Wi-Fi経由で「dマーケット」などのドコモの各種サービスを利用できるようになります。
なお、ドコモのサービスを利用しようとすると、いくつかのパスワードを求められる場合があります。このうちspモードパスワードは「お客様サポート」（My docomo）で確認・再発行できますが、「ネットワーク暗証番号」はインターネット上で確認・再発行できません。契約書類を紛失しないように注意しましょう。さらに、spモードパスワードを初期値（0000）のまま使っていると、変更をうながす画面が表示されることがあります。その場合は、画面の指示に従ってパスワードを変更しましょう。
なお、ドコモショップなどですでに設定を行っている場合、ここでの設定は必要ありません。

ドコモのサービスで利用するID ／パスワード	
ネットワーク暗証番号	お客様サポート（My docomo）や、各種電話サービスを利用する際に必要です（Sec.49参照）。
dアカウント／パスワード	Wi-Fi接続時やパソコンのWebブラウザ経由で、ドコモのサービスを利用する際に必要です。
spモードパスワード	ドコモメールの設定、spモードサイトの登録／解除の際に必要です。初期値は「0000」ですが、変更が必要です（P.41参照）。

MEMO

dアカウントとパスワードは Wi-Fi経由でドコモのサービスを使うときに必要

5Gや4G（LTE）回線を利用しているときは不要ですが、Wi-Fi経由でドコモのサービスを利用する際は、dアカウントとパスワードを入力する必要があります。

dアカウントを設定する

① 設定メニューを開いて、[ドコモのサービス/クラウド]をタッチします。

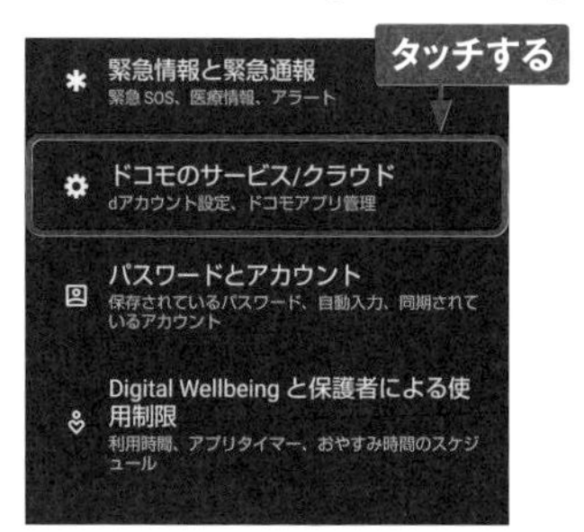

② [dアカウント設定] をタッチします。

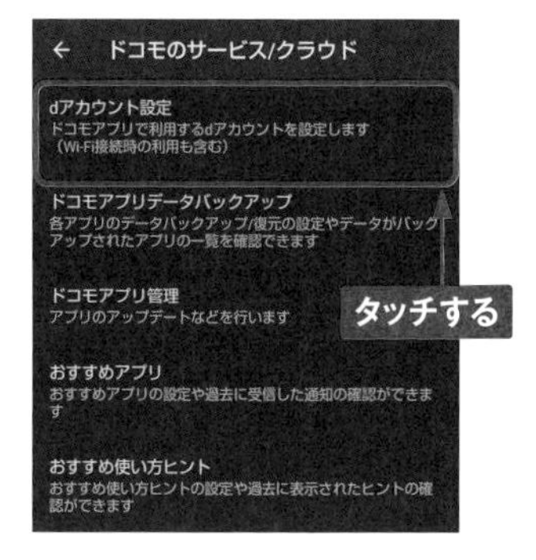

③ 「機能の利用確認」画面が表示された場合は [OK] をタッチします。

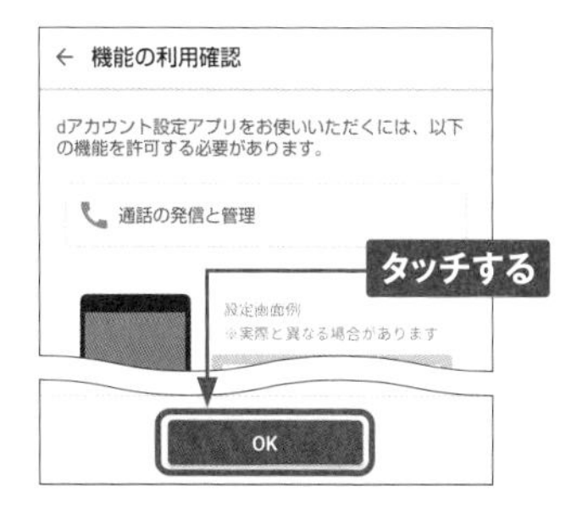

④ [ご利用にあたって] 画面が表示された場合は、内容を確認して、[同意する] をタッチします。続いて、[かんたん自動ログイン!] 画面が表示された場合は [確認] をタッチします。

⑤ 「dアカウント設定」画面が表示されるので、[次] をタッチして進みます。[ご利用中のdアカウントを設定] をタッチします。

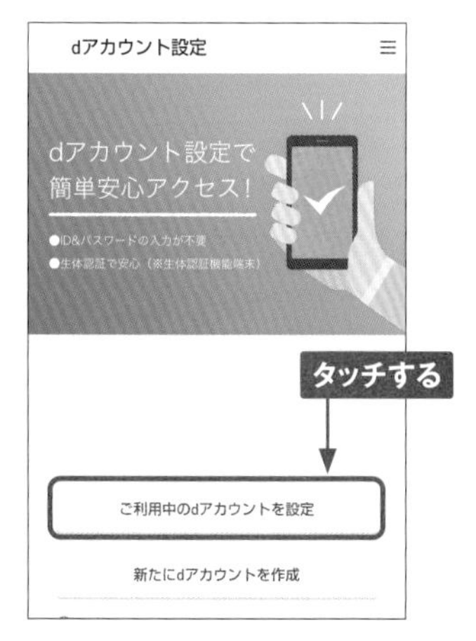

1

6 電話番号に登録されているdアカウントのIDが表示されます。ネットワーク暗証番号（P.36参照）を入力して、［設定する］をタッチします。

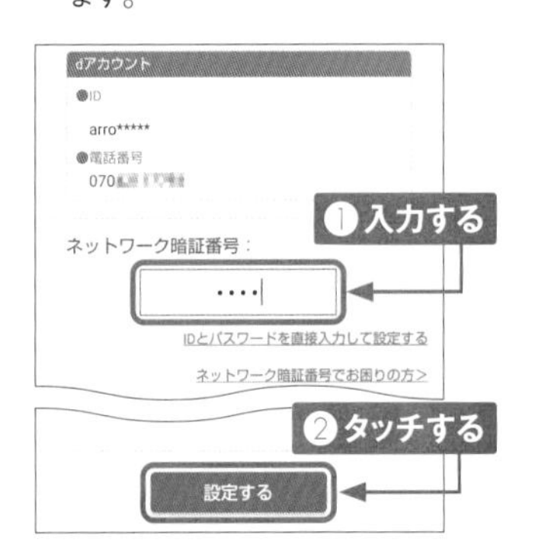

7 Chromeでログインするかの確認画面が表示されたら、ここでは［いいえ］をタッチします。

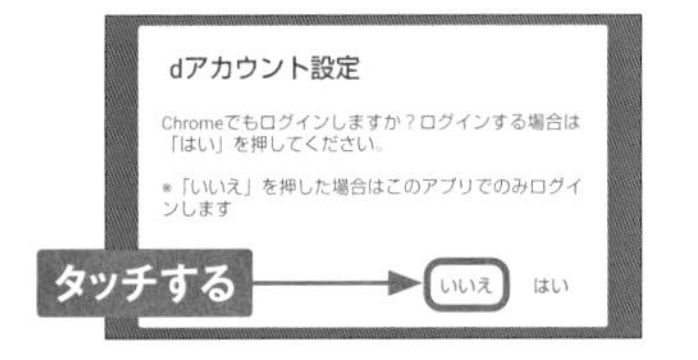

8 dアカウントの設定が完了します。指紋ロックの設定は、ここでは［後で］をタッチして、［OK］をタッチします。

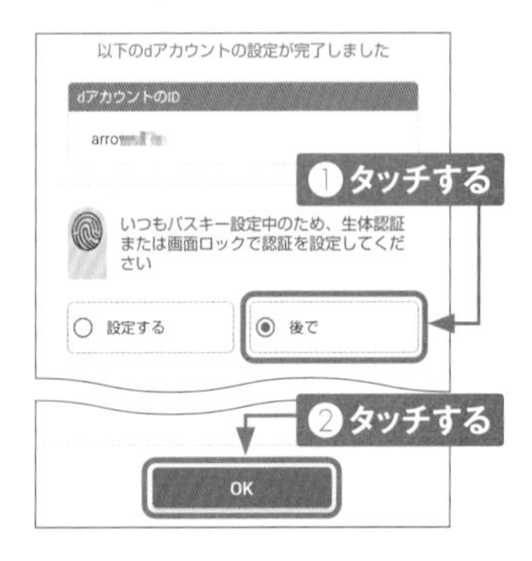

9 「アプリ一括インストール」画面が表示されたら、［今すぐ実行］をタッチして、［進む］をタッチします。

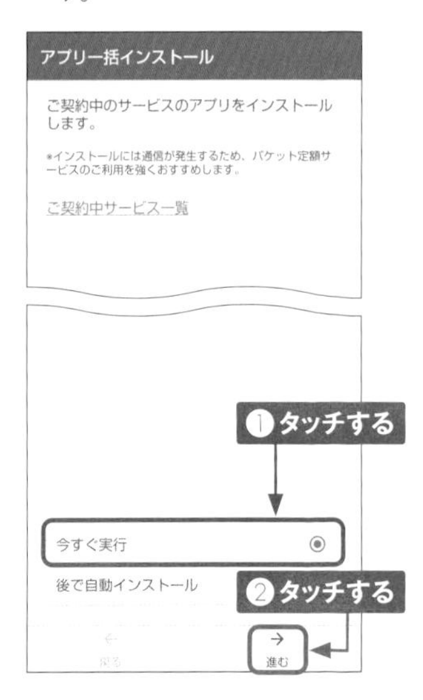

10 dアカウントの設定状態が表示されます。

dアカウントのIDを変更する

1 P.37手順①～②を参考にして、「dアカウント」画面を表示します。［ID操作］をタッチします。

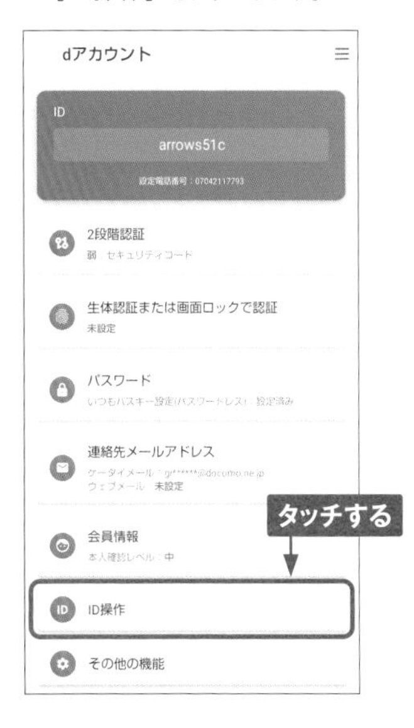

2 ［IDの変更］をタッチします。

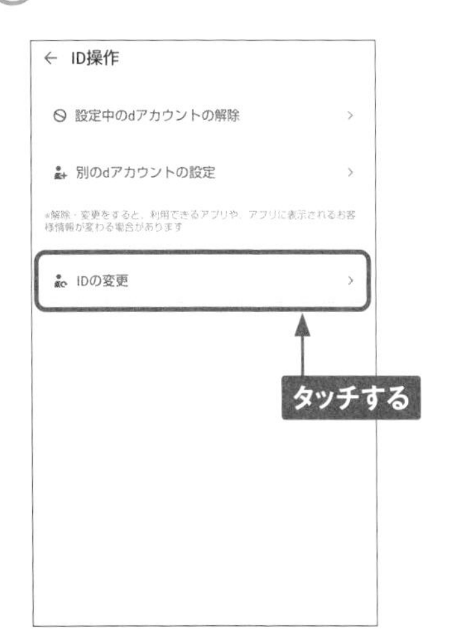

3 新しいdアカウントのIDを入力するか、［以下のメールアドレスをIDにする］を選択して、［設定する］をタッチします。

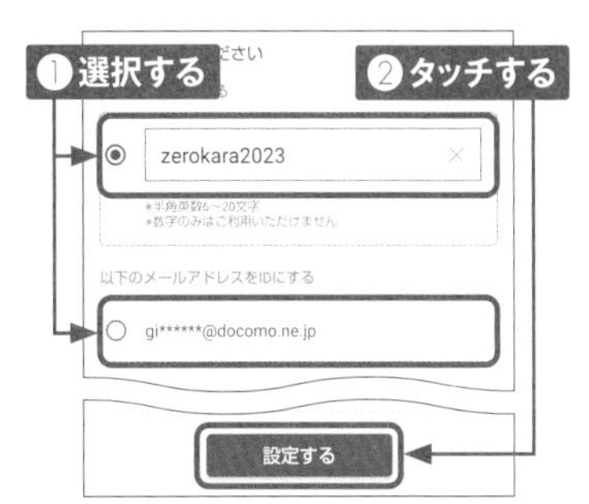

4 変更後のIDを確認して、［OK］をタッチします。

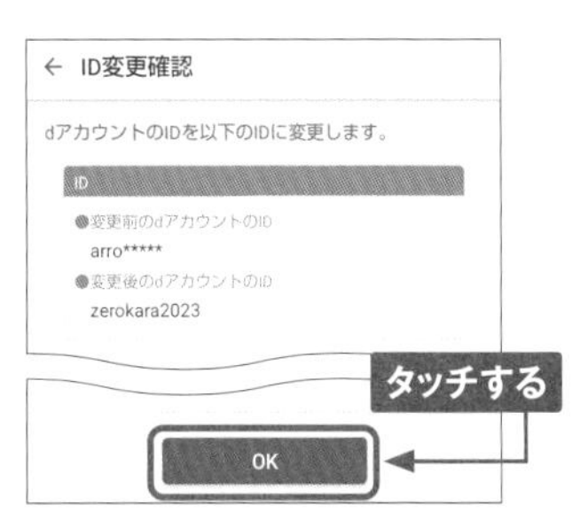

5 dアカウントのIDの変更が完了します。［OK］をタッチすると、手順①の画面に戻ります。

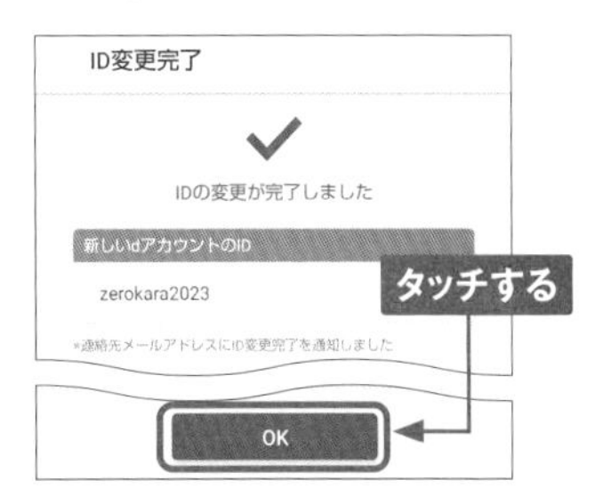

dアカウントのパスワードを変更する

① P.41手順①を参考に[dメニュー]を起動します。☰をタッチします。

② [dアカウントについて] をタッチします。

③ [アカウント管理へ] をタッチします。

④ [パスワードの変更] をタッチします。

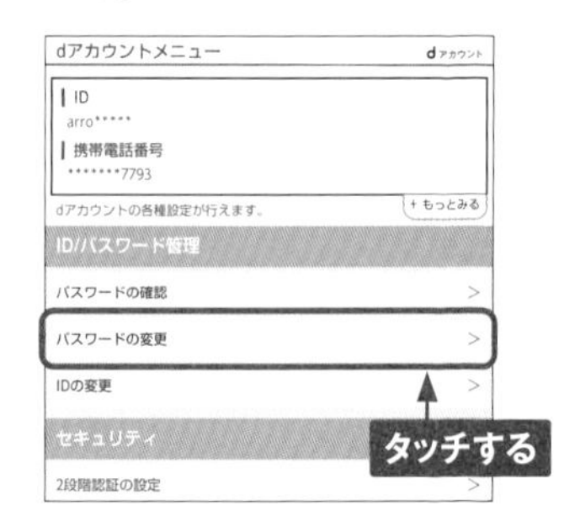

⑤ ネットワーク暗証番号（P.36参照）を入力し、[次へ進む] をタッチします。

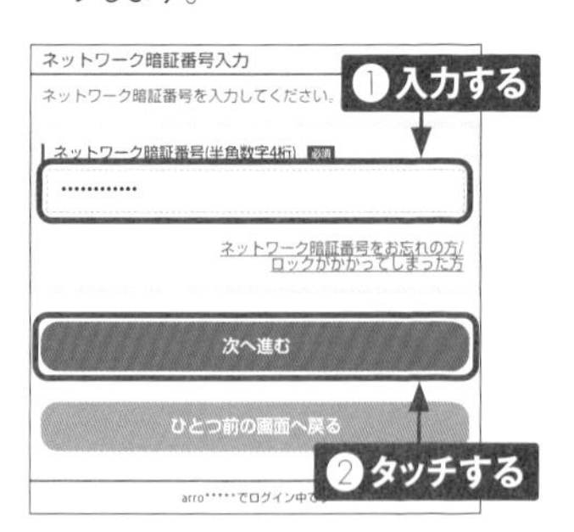

⑥ 新しいdアカウントのパスワードを入力して、[パスワードを変更する] をタッチします。

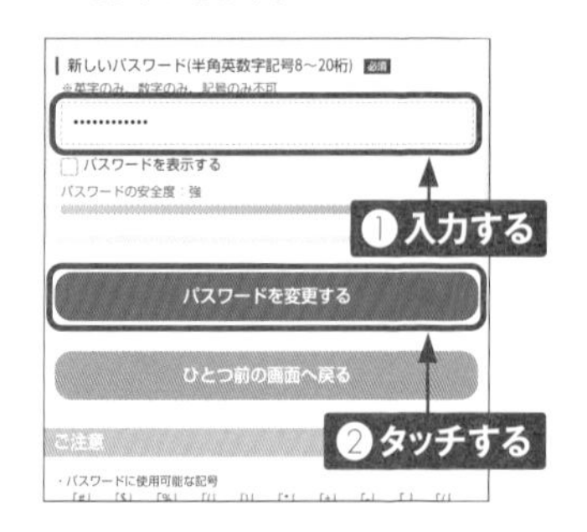

spモードパスワードを変更する

1 ホーム画面で［dメニュー］をタッチします。

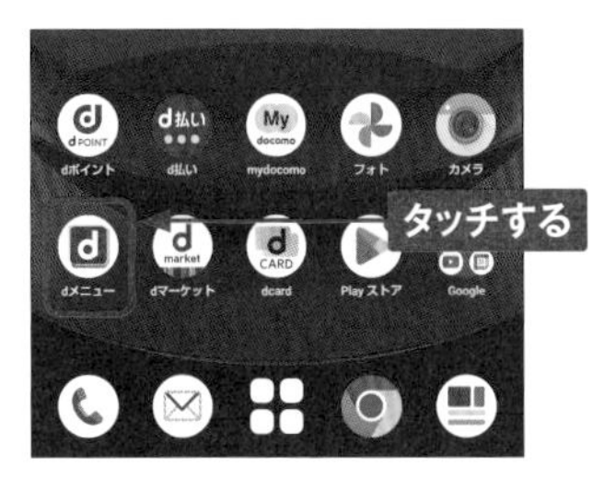

2 Chromeが起動し、dメニューの画面が表示されます。［My docomo］をタッチします。

3 My docomoの画面で［お手続き］をタッチし、［iモード・spモードパスワードリセット］をタッチします。

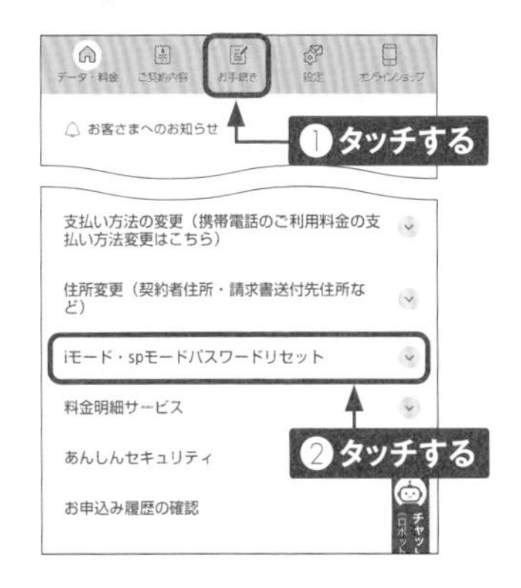

4 ［spモードパスワード］をタッチします。

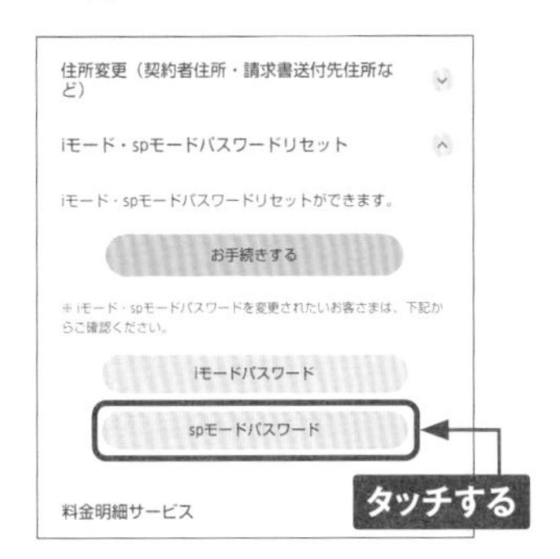

5 「spモードパスワード」画面で［変更したい場合］をタッチします。

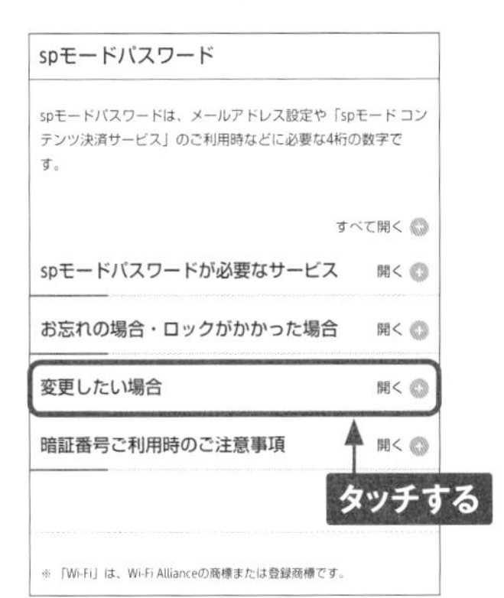

6 「変更したい場合」の［spモードパスワード変更］をタッチします。

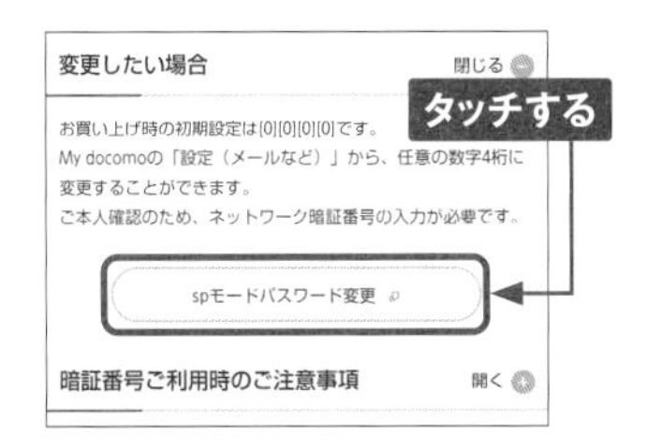

7 「ネットワーク暗証番号」欄にネットワーク暗証番号（P.36参照）を入力し、[暗証番号確認] をタッチします。

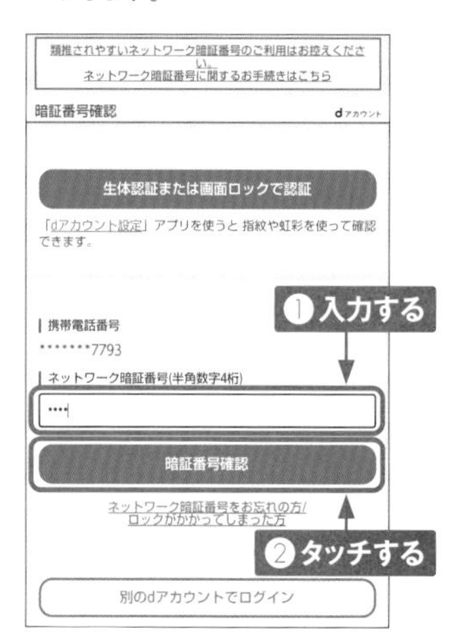

8 この画面が表示された場合は、[次へ] をタッチします。

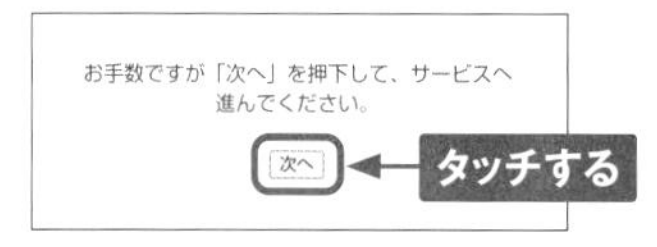

9 ネットワーク暗証番号（P.36参照）を入力し、[認証する] をタッチします。

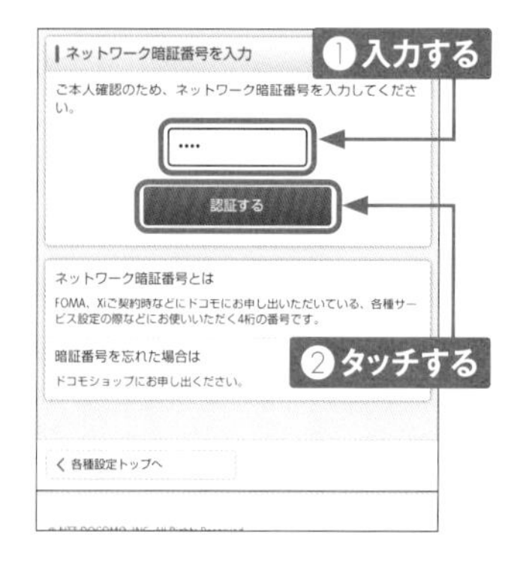

10 現在のspモードパスワード（P.36参照）を入力し、新しいspモードパスワードを2箇所に入力します。[設定を確定する] をタッチすると、設定が完了します。

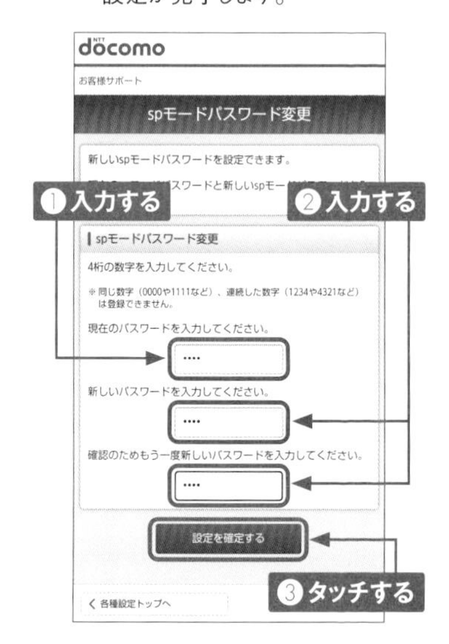

MEMO spモードパスワードをリセットする

spモードパスワードがわからなくなったときは、手順④の画面で [お手続きする] をタッチし、説明に従って暗証番号などを入力して手続きを行うと、初期値の「0000」にリセットできます。

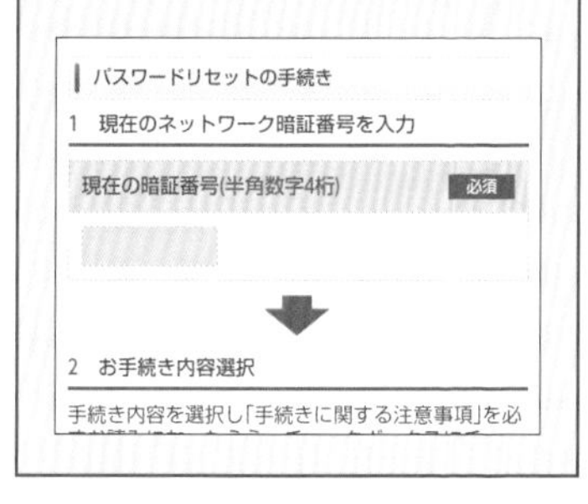

Chapter 2

電話機能を使う

Section 13

電話をかける／受ける

電話操作は発信も着信も非常にシンプルです。発信時はホーム画面のアイコンからかんたんに電話を発信でき、着信時はスワイプまたはタッチ操作で通話を開始できます。

電話をかける

① ホーム画面で📞をタッチします。

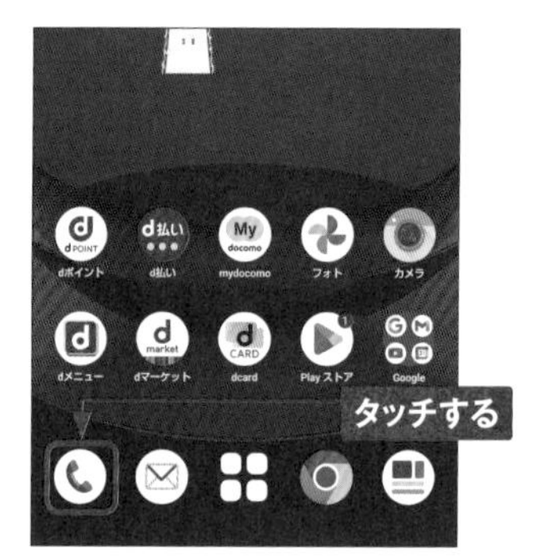

② 「電話」アプリが起動します。▦をタッチします。

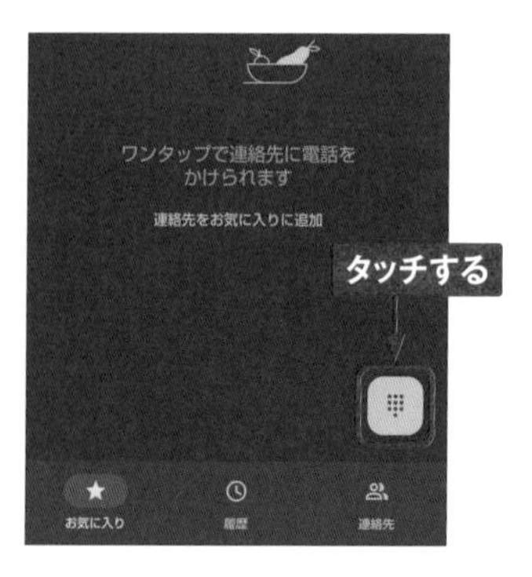

③ 相手の電話番号をタッチして入力し、［音声通話］をタッチすると、電話が発信されます。

④ 相手が応答すると通話が始まります。◉をタッチすると、通話が終了します。

電話を受ける

① スリープ中に電話の着信があると、着信画面が表示されます。📞を上方向にスワイプします。また、画面上部に通知で表示された場合は、［応答する］をタッチします。

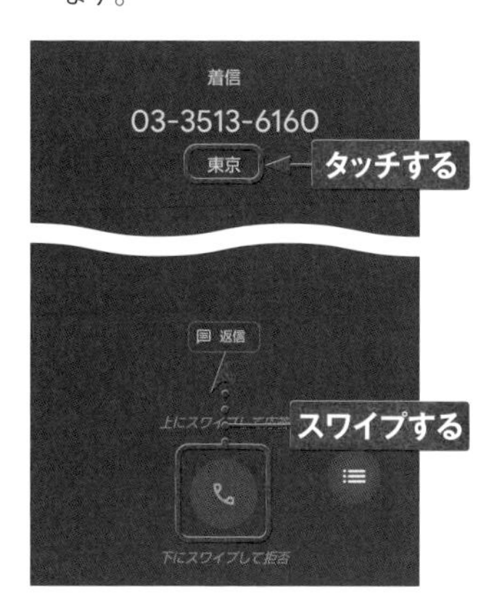

② 相手との通話が始まります。通話中にアイコンをタッチすると、ダイヤルキーなどの機能を利用できます。

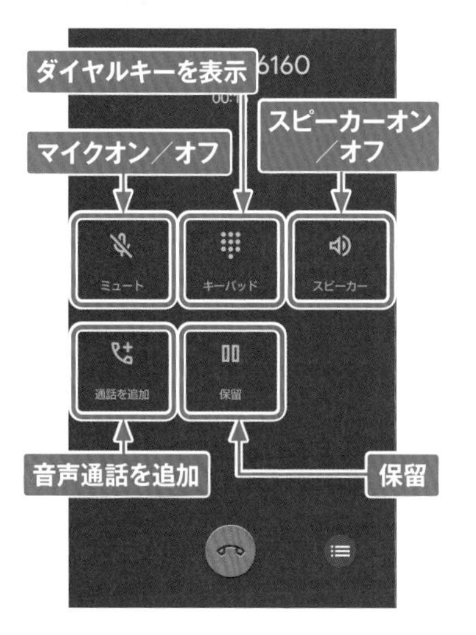

③ 通話中に📞をタッチすると、通話が終了します。

MEMO 本体の使用中に電話を受ける

本体の使用中に電話の着信があると、画面上部に着信画面が表示されます。［応答する］をタッチすると、手順②の画面が表示されて通話ができます。

Section 14

履歴を確認する

電話の発信や着信の履歴は、発着信履歴画面で確認します。また、電話をかけ直したいときに通話履歴から発信したり、電話した理由をメッセージ（SMS）で送信したりすることもできます。

発信や着信の履歴を確認する

① ホーム画面で📞をタッチして「電話」アプリを起動し、［履歴］をタッチします。

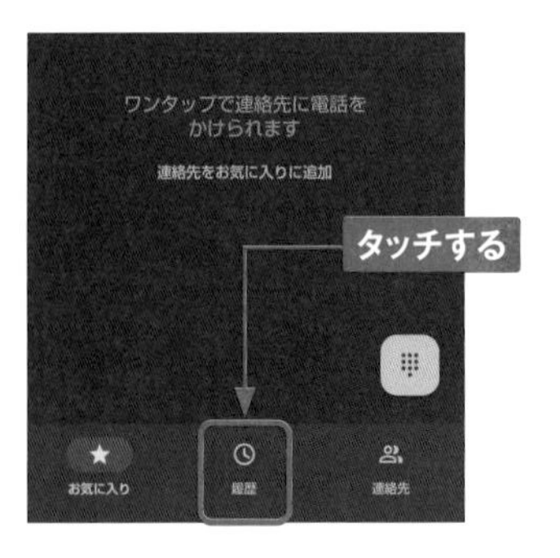

② 発着信の履歴を確認できます。履歴をタッチして、［履歴を開く］をタッチします。

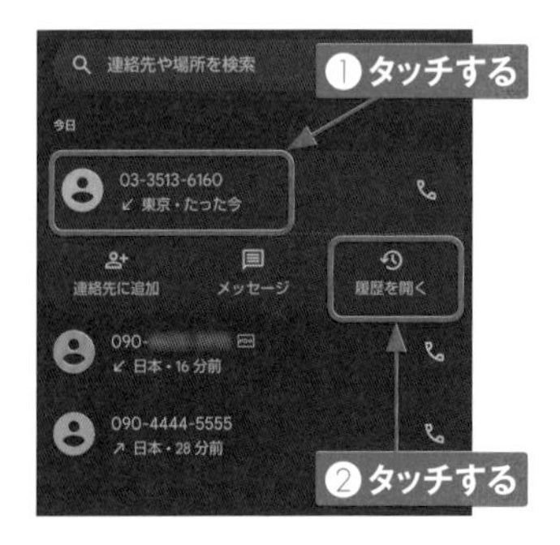

③ 通話の詳細を確認することができます。

履歴の削除

手順③の画面で右上の⋮→［履歴を削除］をタッチすると、履歴を削除できます。

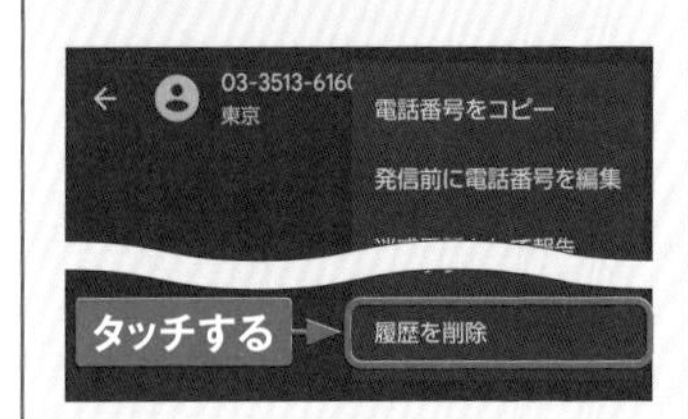

履歴から発信する

① P.46手順①を参考に発着信履歴画面を表示します。発信したい履歴の📞をタッチします。

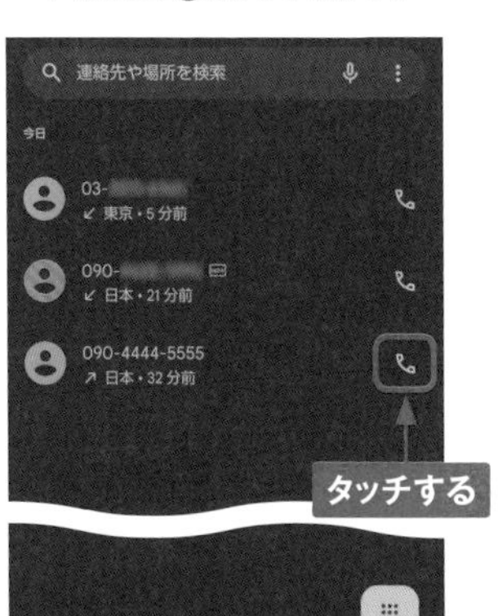

② 電話が発信されます。

クイック返信でメッセージ（SMS）を送信する

電話がかかってきても受けたくない場合、電話を受けずにメッセージ（SMS）を送信することができます。受信画面で下部の［返信］をタッチするといくつかメッセージが表示されるので、タッチすると送信できます。なお、手順①の画面で右上の⋮→［設定］→［クイック返信］をタッチすると、送信するメッセージを編集できます。

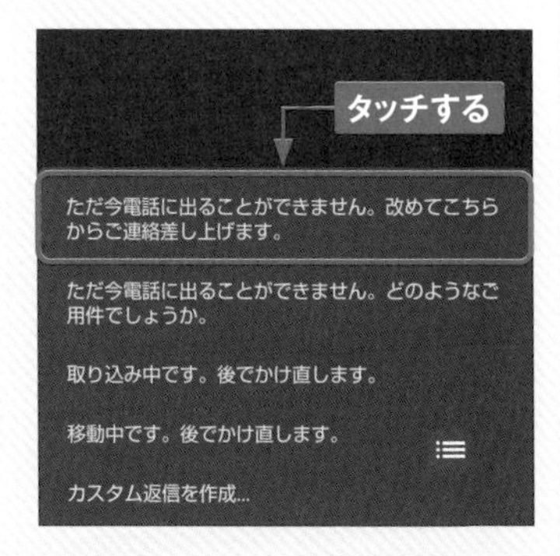

2

Section 15

Application

伝言メモを利用する

SH-52D ／ SH-51Dに「簡易留守録（通話音声・伝言メモ）」アプリをインストールすると、電話を取れないときに本体に伝言を記録する「伝言メモ」機能を無料で利用できます。

伝言メモを設定する

2

① P.44手順①を参考に「電話」アプリを起動して、右上の⋮→［設定］の順でタッチします。

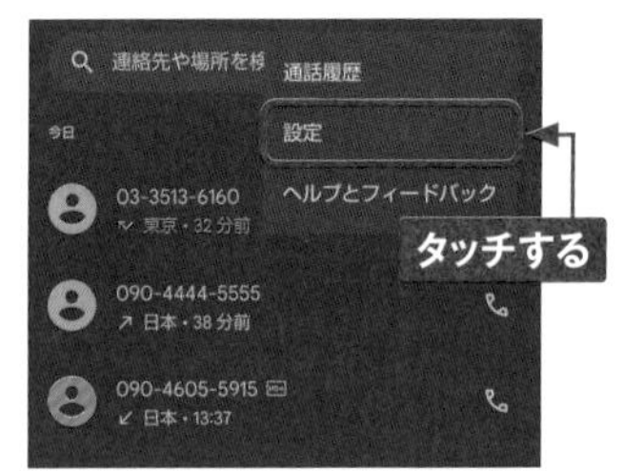

② 「設定」画面で［通話アカウント］→［通話音声・伝言メモ］→右下の［設定］→［伝言メモ設定］→［ON］の順にタッチします。

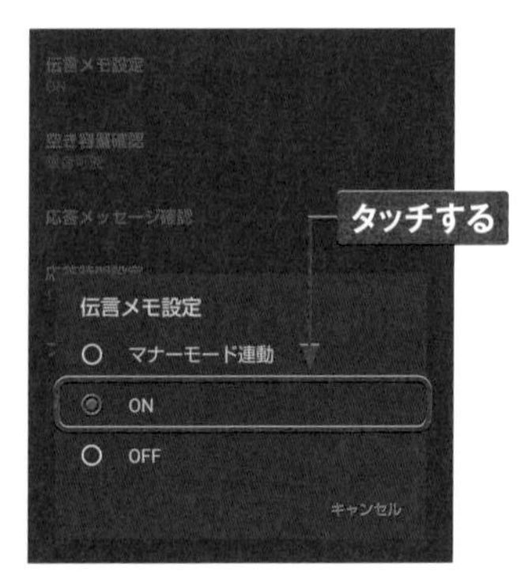

③ 手順②で表示される「通話音声・伝言メモ」画面で［応答時間設定］をタッチすると、応答時間を変更する画面が表示されます。

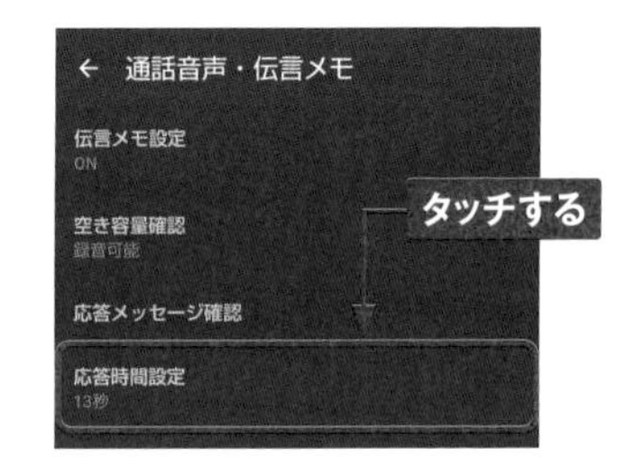

MEMO **アプリのインストールが必要**

伝言メモを利用するには、Sec.35 ～ 36の手順を参考にして、Google Playで「簡易留守録」アプリをインストールする必要があります。

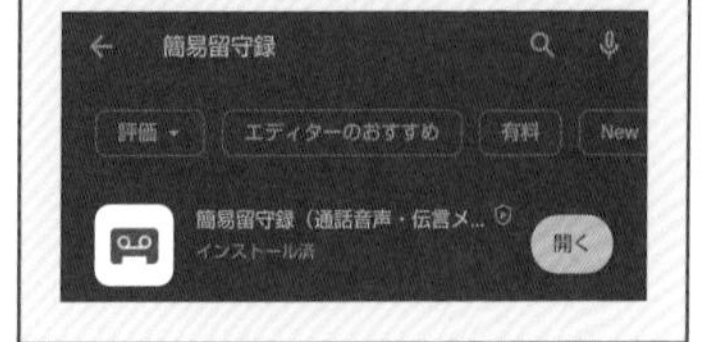

伝言メモを再生する

① 不在着信や伝言メモがあると、ステータスバーにが表示されます。ステータスバーを下方向にドラッグします。

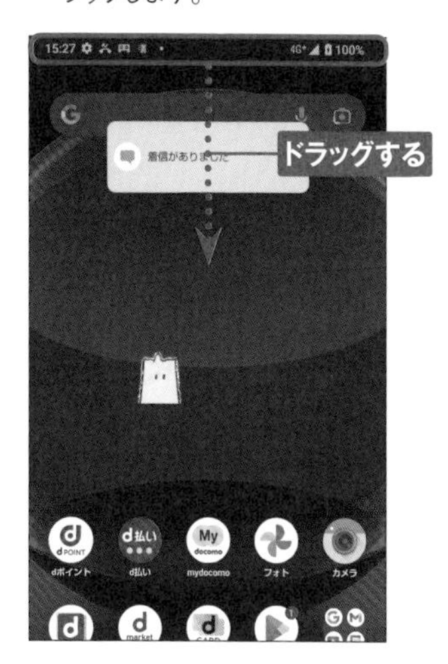

② ステータスパネルが表示されるので、伝言メモの通知をタッチします。

③ 伝言メモリストから聞きたい伝言メモをタッチすると、伝言メモが再生されます。

④ 再生中の伝言メモを削除するには、右上の⋮→［選択削除］の順でタッチします。

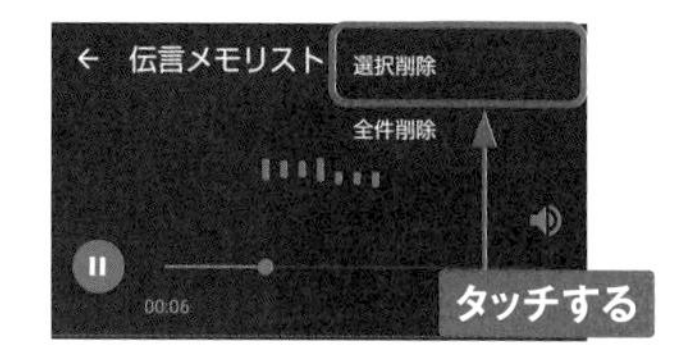

MEMO
そのほかの伝言メモ再生方法

ステータスバーの通知を削除してしまった場合は、「電話」アプリの画面で右上の⋮→［設定］→［通話カウント］→［通話音声・伝言メモ］の順でタッチすると、手順③の画面が表示されます。「通話音声メモリスト」が表示された場合は［伝言メモ］をタッチします。

Section 16

通話音声メモを利用する

SH-52D ／ SH-51Dの「通話音声メモ」を利用すると、「電話」アプリで通話中の会話を録音できます。重要な要件で電話をする際など、保存した会話をあとで再生して確認できるので便利です。

通話中の会話を録音する

① 「電話」アプリで通話中、右下の☰をタッチします。

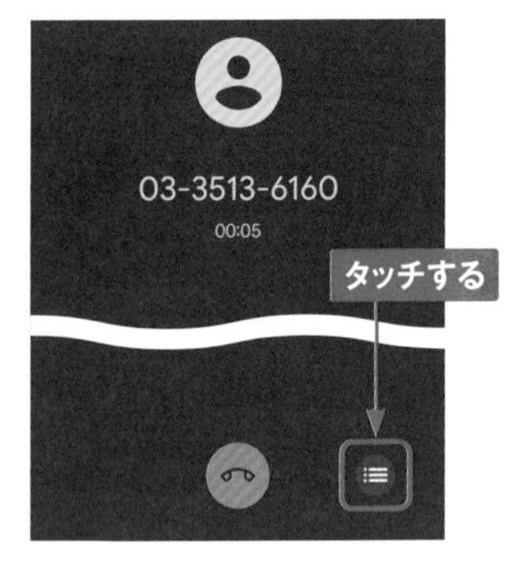

② 表示された［通話音声メモ］をタッチします。

③ 「録音中」画面が表示されて、通話の録音が開始されます。録音を終了するには［停止］をタッチします。

④ 通常の「電話」アプリの画面に戻ります。

録音した通話を再生する

1 「電話」アプリの画面で右上の⋮→［設定］の順でタッチします。

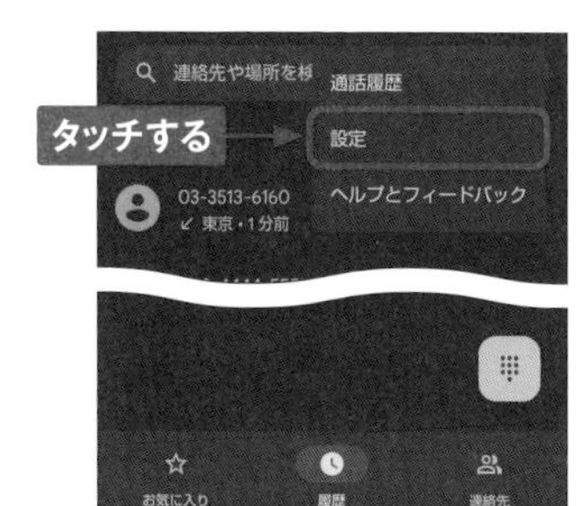

2 「電話」アプリの「設定」画面が表示されるので、［通話アカウント］をタッチします。

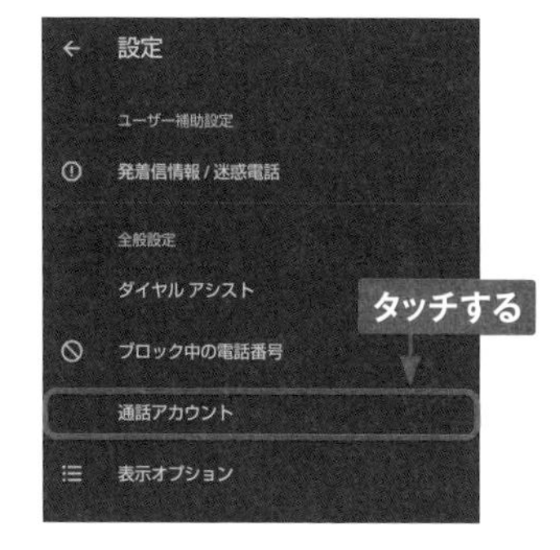

3 「通話アカウント」画面で［通話音声・伝言メモ］をタッチします。

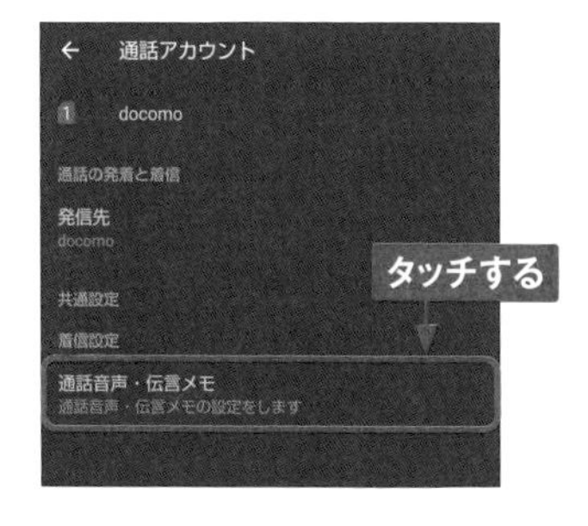

4 「通話音声メモ」をタッチし、通話音声メモリストの中から目的の通話音声メモをタッチします。▶をタッチすると、通話音声が再生されます。

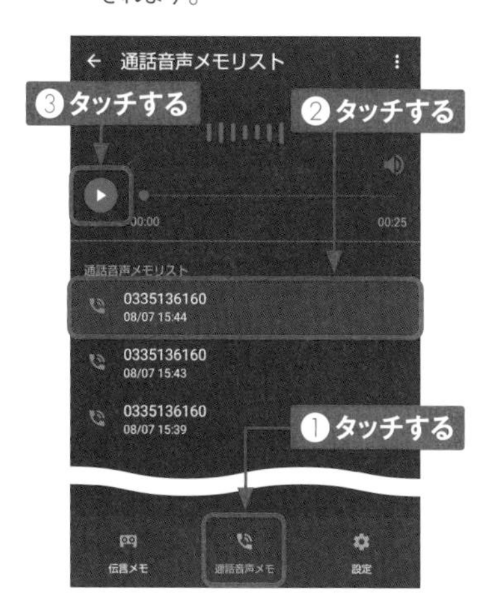

5 ⏸をタッチすると、通話音声の再生が停止します。

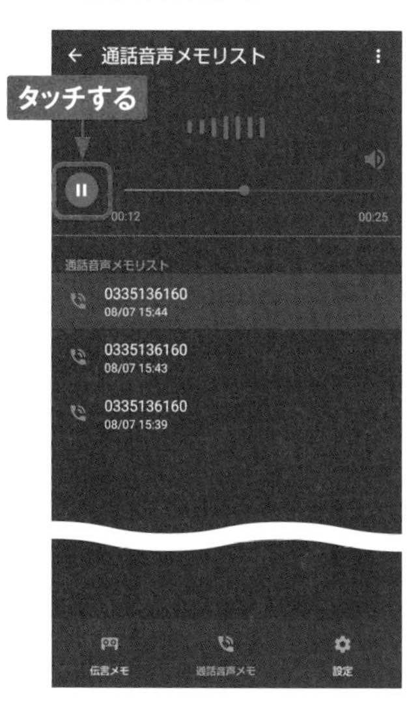

2

Section 17

ドコモ電話帳を利用する

電話番号やメールアドレスなどの連絡先は、「ドコモ電話帳」で管理することができます。クラウド機能を有効にすることで、電話帳データが専用のサーバーに自動で保存されるようになります。

クラウド機能を有効にする

① ホーム画面でアプリ一覧ボタンをタッチします。

② アプリ一覧画面で、[ドコモ電話帳] をタッチします。

③ 初回起動時は「クラウド機能の利用について」画面が表示されます。[注意事項] をタッチします。

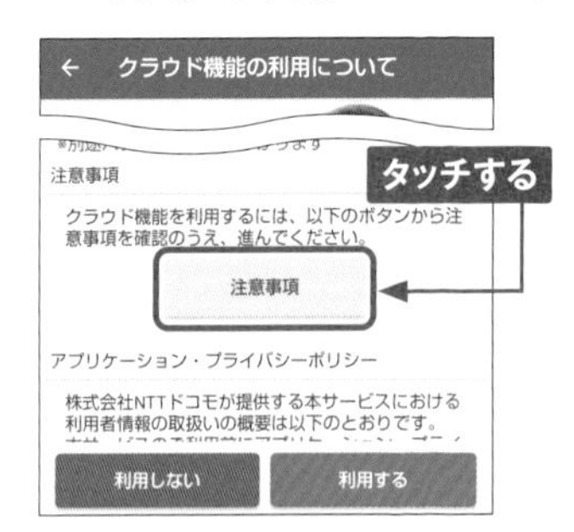

④ 内容を確認し、◀をタッチして戻ります。

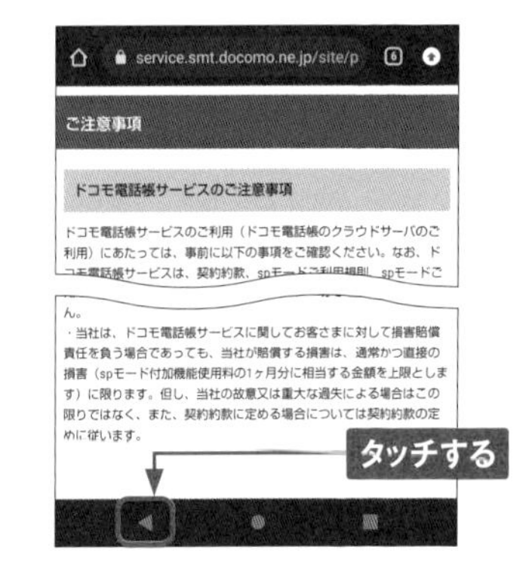

5 手順④と同様にプライバシーポリシーについて確認したら、［利用する］をタッチします。

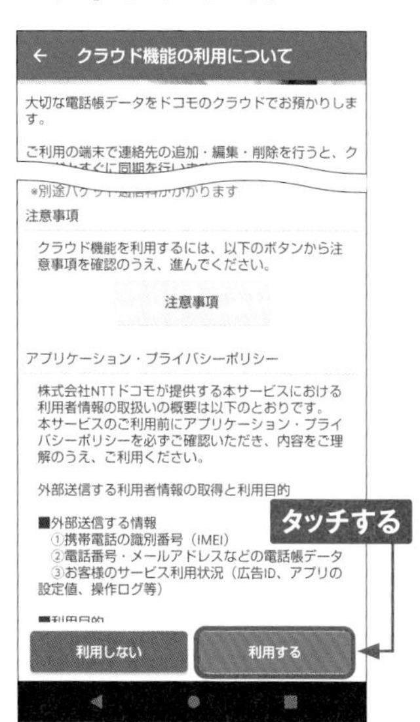

6 ドコモ電話帳の画面が表示されます。機種変更などでクラウドサーバーに保存していた連絡先がある場合は、自動的に同期されます。

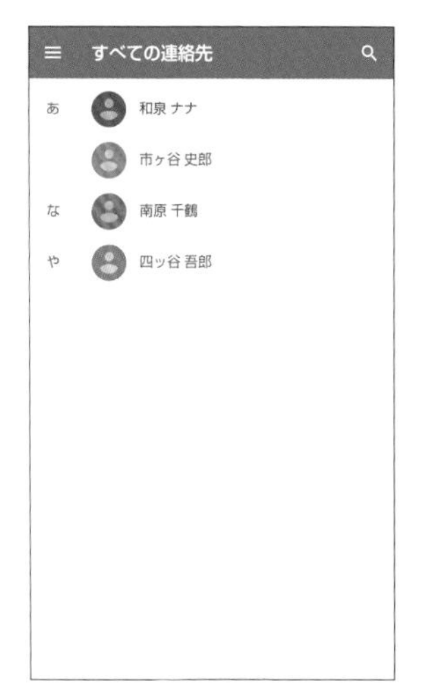

MEMO
ドコモ電話帳のクラウド機能とは

ドコモ電話帳のクラウド機能では、電話帳データを専用のクラウドサーバー（インターネット上の保管庫）に自動保存しています。そのため、機種変更をしたときも、クラウドを利用してかんたんに電話帳のデータを移行できます。また、パソコンから電話帳データを閲覧／編集できる機能も用意されています。
クラウドのデータを手動で同期する場合は、P.57手順③の画面で、［クラウドメニュー］→［クラウドとの同期実行］→［OK］の順にタッチします。

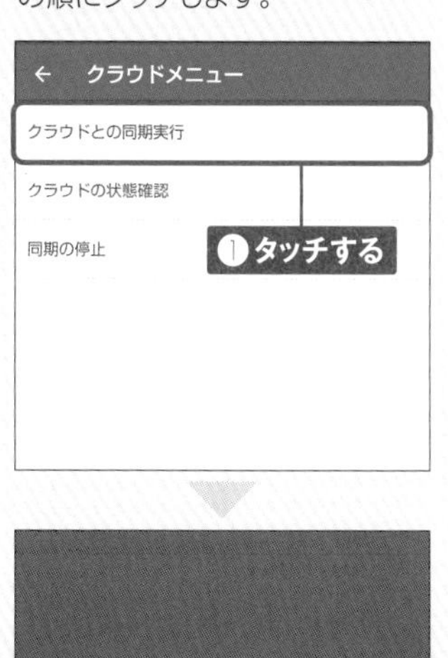

ドコモ電話帳に新規連絡先を登録する

1 P.52手順①～②を参考にドコモ電話帳を開き、⊕をタッチします。

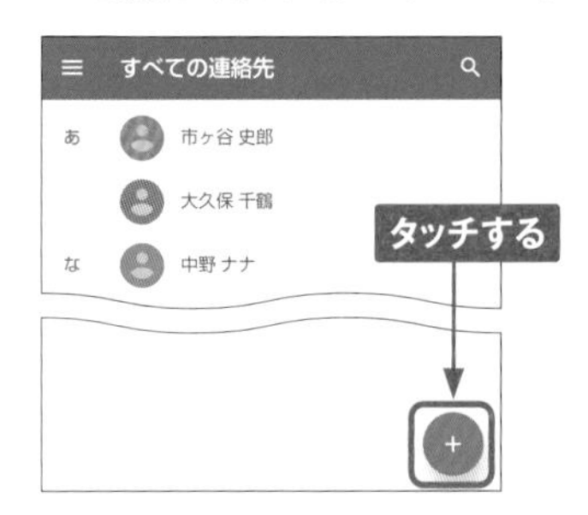

2 連絡先を保存するアカウントを選択します。ここでは［docomo］を選択します。

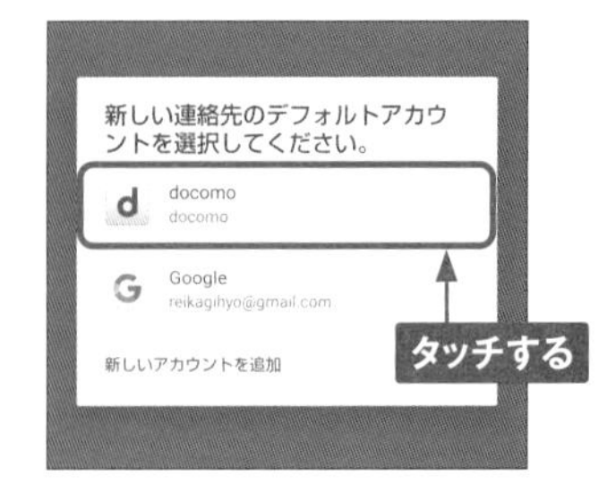

3 入力欄をタッチしてソフトウェアキーボードを表示し、「姓」と「名」の入力欄へ連絡先の情報を入力して［次へ］をタッチします。

4 姓名のふりがな、電話番号、メールアドレスなどを入力します。完了したら［保存］をタッチします。

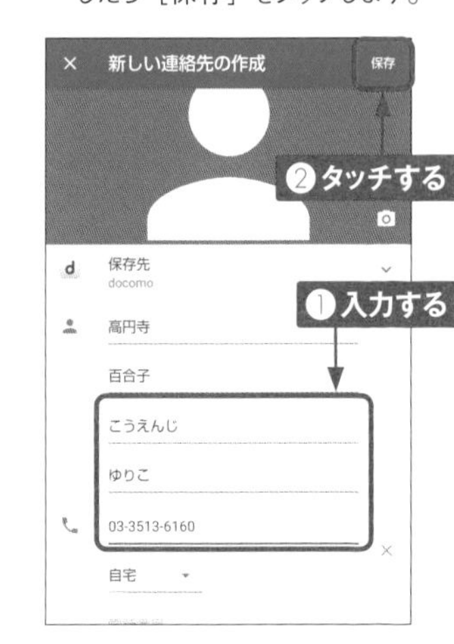

5 連絡先の情報が保存されます。◀をタッチして、手順①の画面に戻ります。

ドコモ電話帳に通話履歴から登録する

1 P.46を参考に「履歴」画面を表示します。連絡先に登録したい電話番号をタッチします。

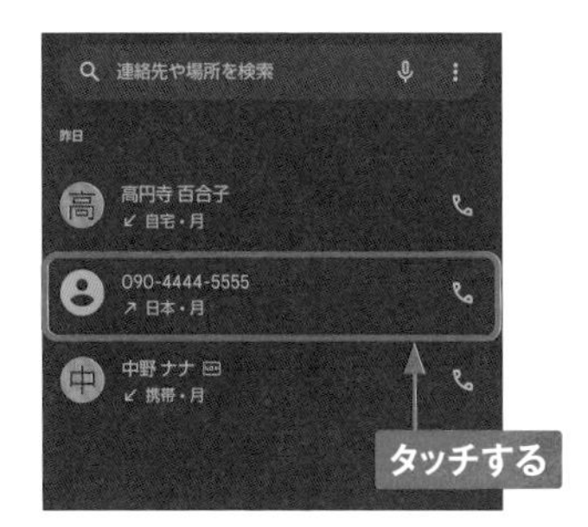

2 ［連絡先に追加］をタッチします。

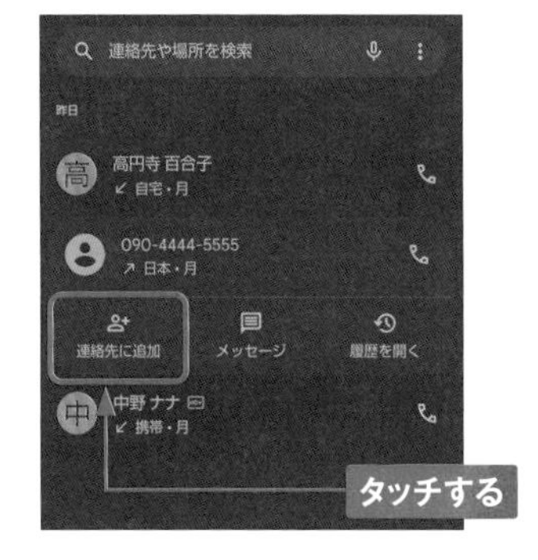

3 ドコモ電話帳の画面に切り替わります。［新しい連絡先を作成］をタッチします。

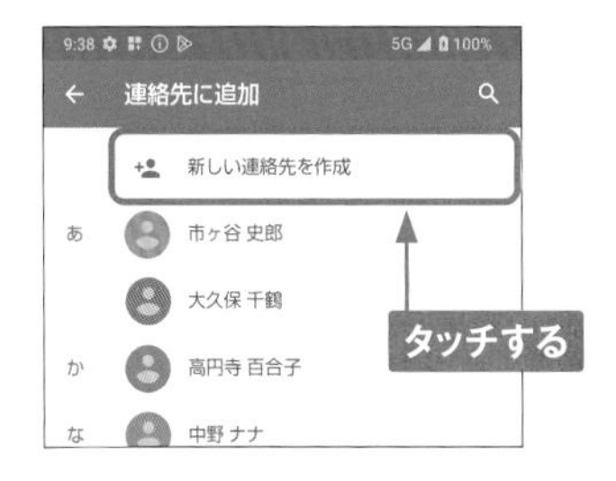

4 P.54手順③～④を参考に連絡先の情報を登録します。

5 ドコモ電話帳のほか、通話履歴、連絡先にも登録した名前が表示されるようになります。

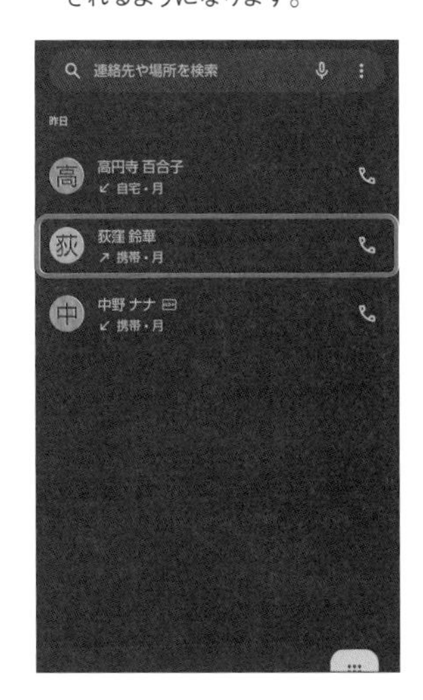

ドコモ電話帳のそのほかの機能

●連絡先を編集する

1 P.52手順①～②を参考に「ドコモ電話帳」画面を表示し、編集したい連絡先をタッチします。

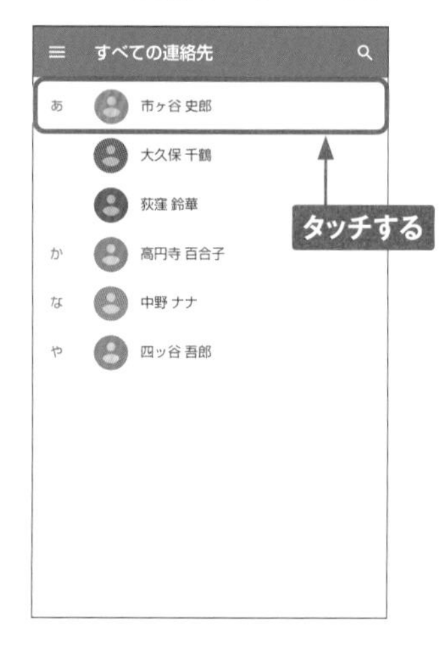

2 連絡先の「プロフィール」画面が表示されるので✎をタッチし、P.54手順③～④を参考に連絡先を編集します。

●電話帳から電話をかける

1 左記手順①～②を参考に「プロフィール」画面を表示し、番号をタッチします。

2 電話が発信されます。

自分の情報を確認する

① P.52手順①～②を参考に「ドコモ電話帳」画面を表示し、☰をタッチします。

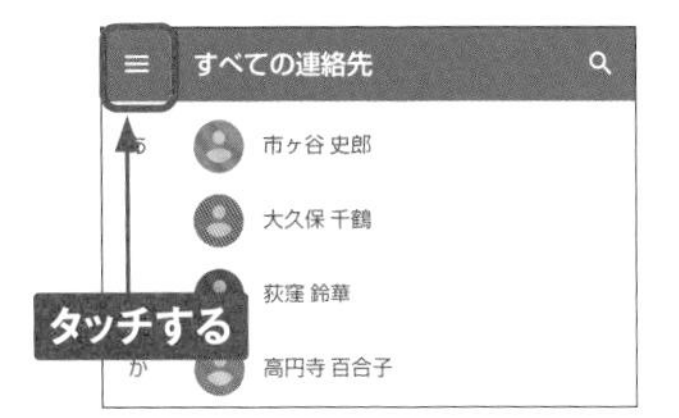

② 表示されたメニューの［設定］をタッチします。

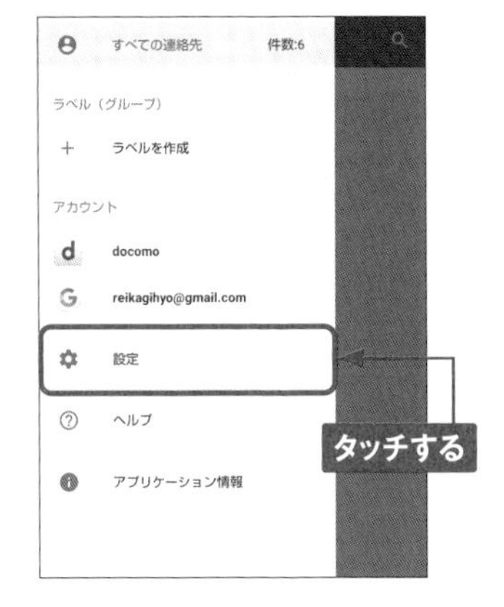

③ ［ユーザー情報］をタッチします。

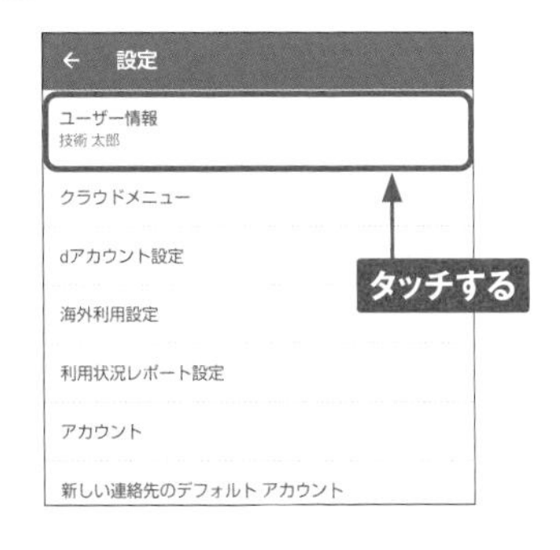

④ 自分の情報が表示されて、電話番号などを確認できます。編集する場合は✎をタッチします。

⑤ P.54手順③～④を参考に情報を入力し、［保存］をタッチします。

Section 18

着信拒否を設定する

迷惑電話ストップサービス（無料）を利用すると、リストに登録した電話番号からの着信を拒否することができます。迷惑電話やいたずら電話がくり返しかかってきたときは、着信拒否を設定しましょう。

着信拒否リストに登録する

1 「電話」アプリの画面で右上の⋮→［設定］の順でタッチします。

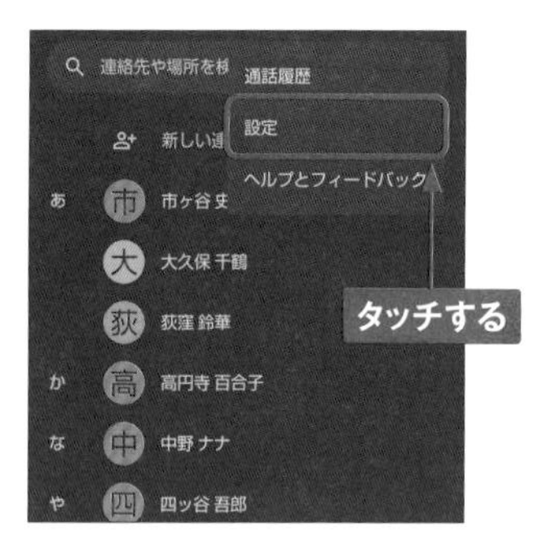

2 「設定」画面で［通話アカウント］をタッチします。

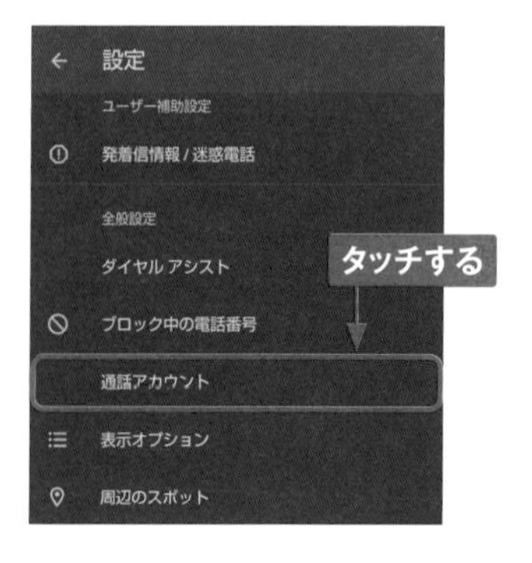

3 「通話アカウント」画面でSIMを選択します。ここでは［docomo］をタッチします。

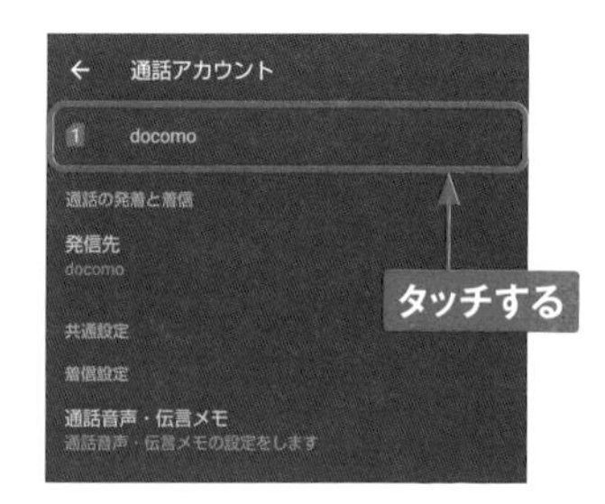

4 ［ネットワークサービス・海外設定・オフィスリンク］をタッチします。「利用者情報の送信」画面が表示された場合は、［許諾して利用を開始］→［次の画面へ］→［許可］をタッチします。

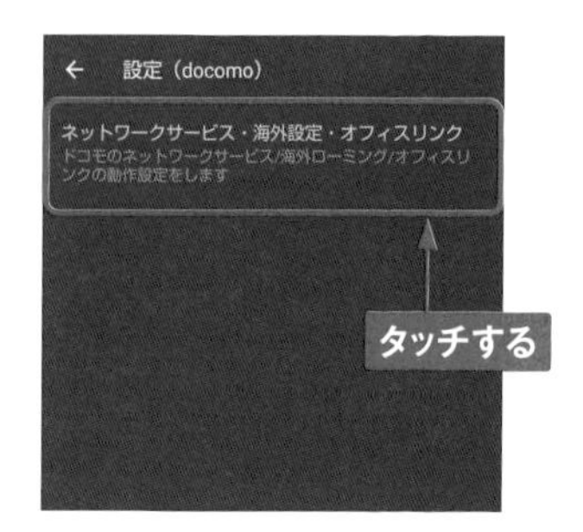

5 「サービス設定」画面で[ネットワークサービス] をタッチします。

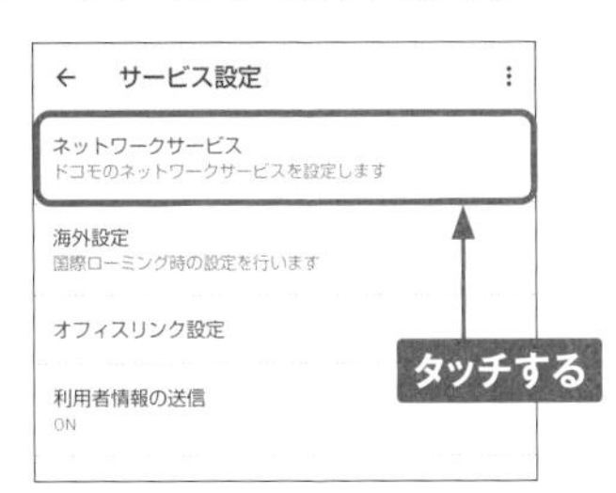

6 「ネットワークサービス」画面で[迷惑電話ストップサービス] をタッチします。

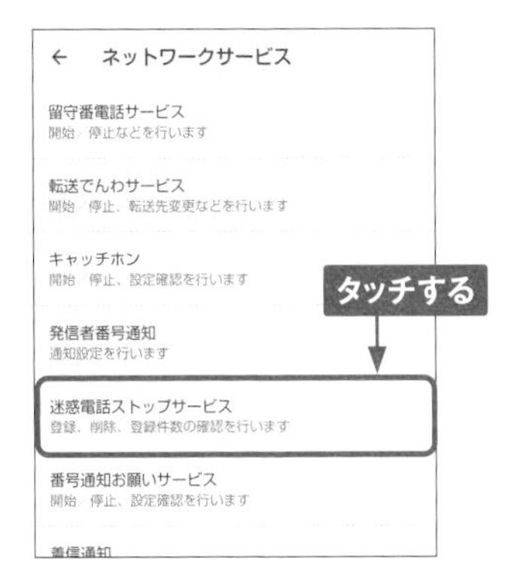

7 [番号指定拒否登録] をタッチします。

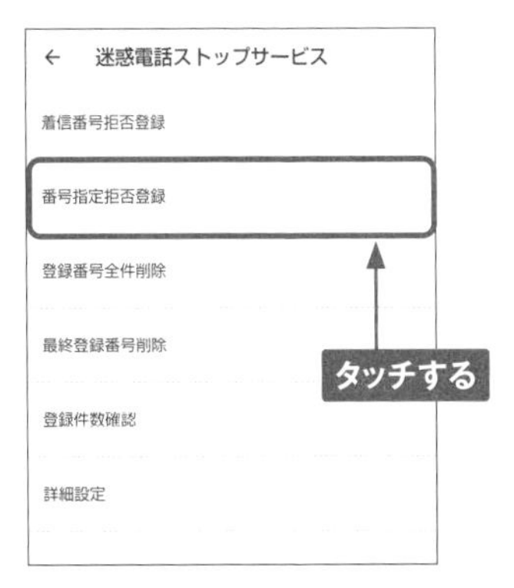

8 着信を拒否したい電話番号を入力し、[OK] をタッチします。

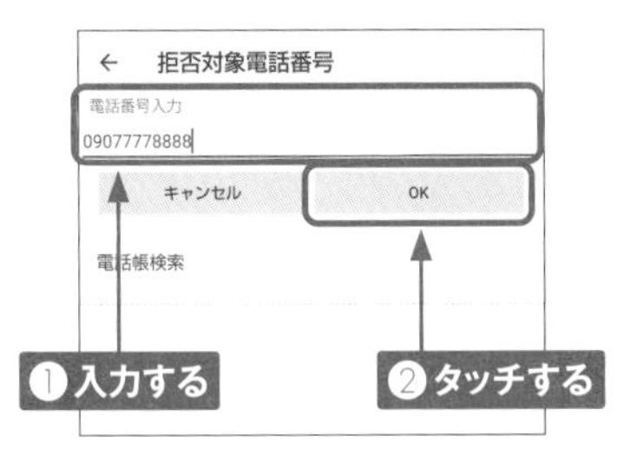

9 確認のメッセージが表示されたら、[OK] をタッチします。次の画面でも [OK] をタッチします。

MEMO

迷惑電話ストップサービスを活用する

手順⑦の画面で [着信番号拒否登録] → [OK] の順にタッチすると、最後に着信した相手の電話番号を着信拒否リストに登録できます。間違えて登録したときは、手順⑦の画面で [最終登録番号削除] → [OK] の順にタッチすると、最後に登録した電話番号だけ解除できます。

Section 19

通知音や着信音を変更する

メールの通知音と電話の着信音は、設定メニューから変更できます。また、電話の着信音は、着信した相手ごとに個別に設定することもできます。

メールの通知音を変更する

① P.20を参考に設定メニューを開いて、[着信音とバイブレーション]をタッチします。

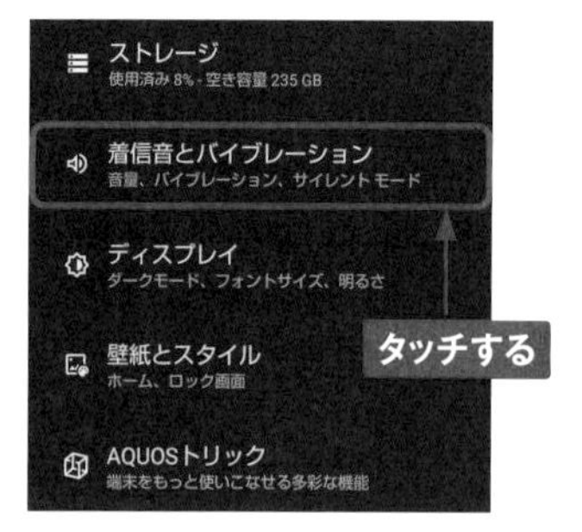

② 「着信音とバイブレーション」画面が表示されるので、[デフォルトの通知音]をタッチします。

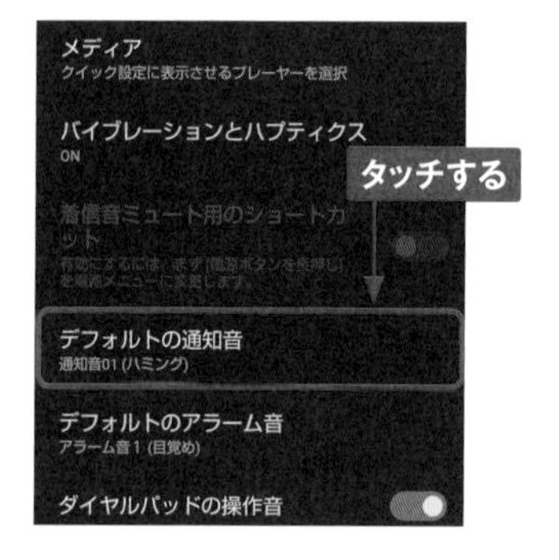

③ 通知音のリストが表示されます。好みの通知音をタッチし、[OK]をタッチすると変更完了です。

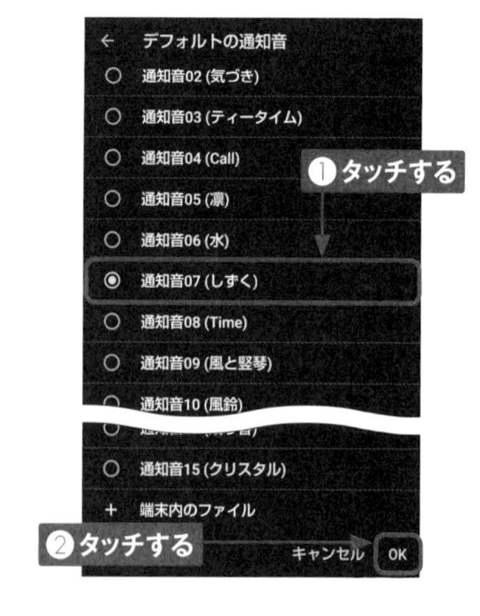

MEMO 音楽を通知音や着信音に設定する

手順③の画面で[端末内のファイル]をタッチすると、SH-52D／SH-51Dに保存されている音楽を通知音や着信音に設定できます。

電話の着信音を変更する

① P.20を参考に設定メニューを開いて、[着信音とバイブレーション]をタッチします。

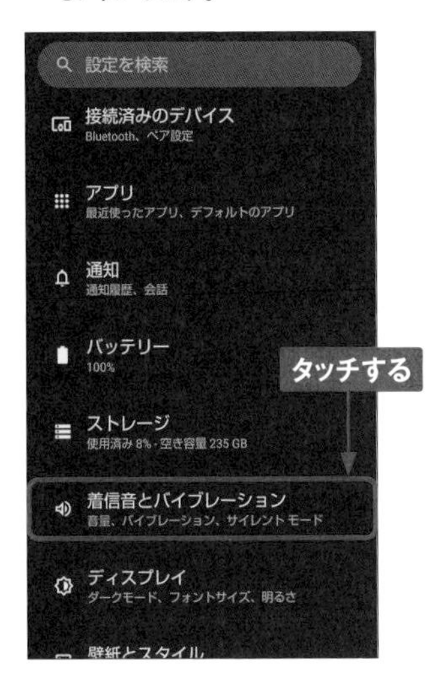

② 「着信音とバイブレーション」画面が表示されるので、[着信音]をタッチします。

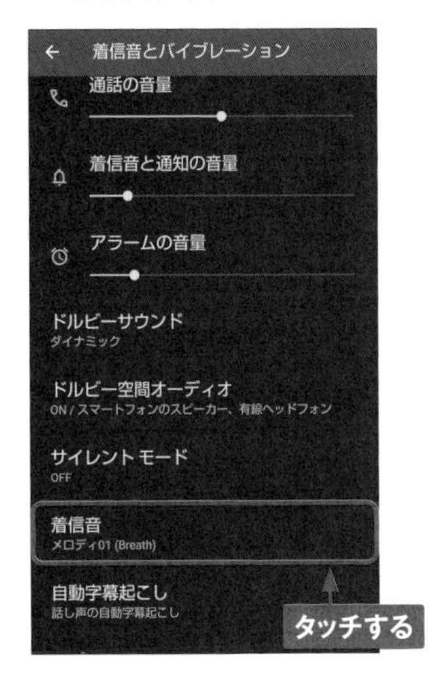

③ 着信音のリストが表示されるので、好みの着信音を選んでタッチし、[OK]をタッチすると、着信音が変更されます。

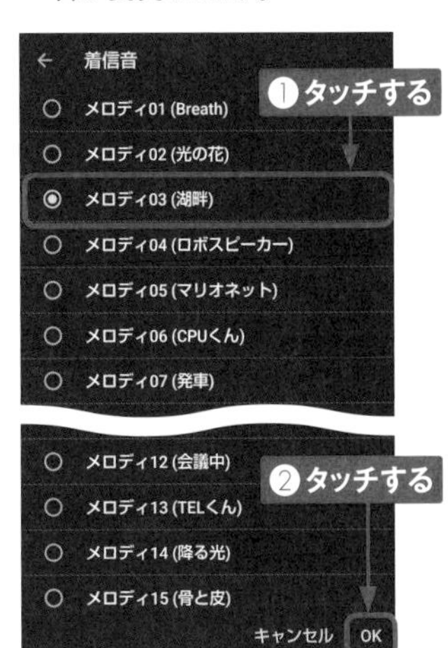

MEMO 着信音の個別設定

着信相手ごとに、着信音を変えることができます。P.56を参考に連絡先の「プロフィール」画面を表示して、画面右上の⋮→[着信音を設定]の順にタッチします。ここで好きな着信音をタッチして、[OK]をタッチすると、その連絡先からの着信音を設定できます。

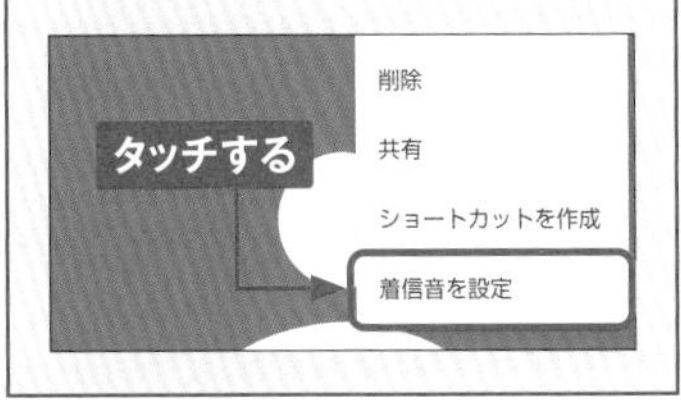

Section 20

操作音やマナーモードを設定する

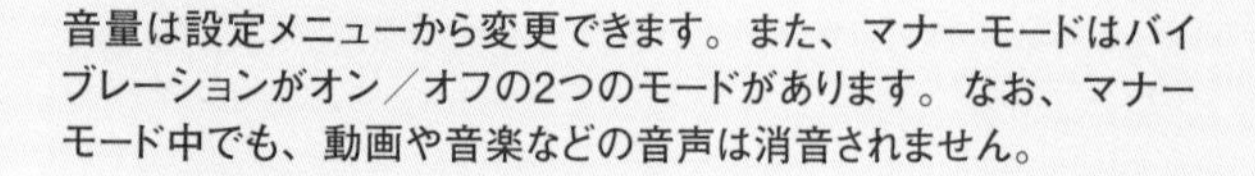

音量は設定メニューから変更できます。また、マナーモードはバイブレーションがオン／オフの2つのモードがあります。なお、マナーモード中でも、動画や音楽などの音声は消音されません。

音楽やアラームなどの音量を調節する

① P.20を参考に設定メニューを開いて、[着信音とバイブレーション]をタッチします。

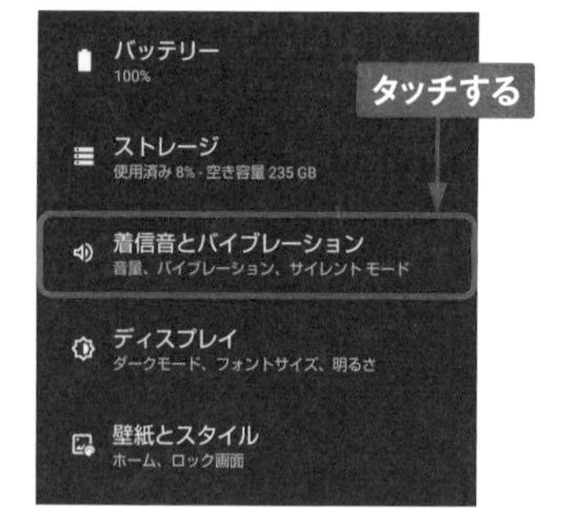

② 「着信音とバイブレーション」画面が表示されます。「メディアの音量」の◯を左右にドラッグして、音楽や動画の音量を調節します。

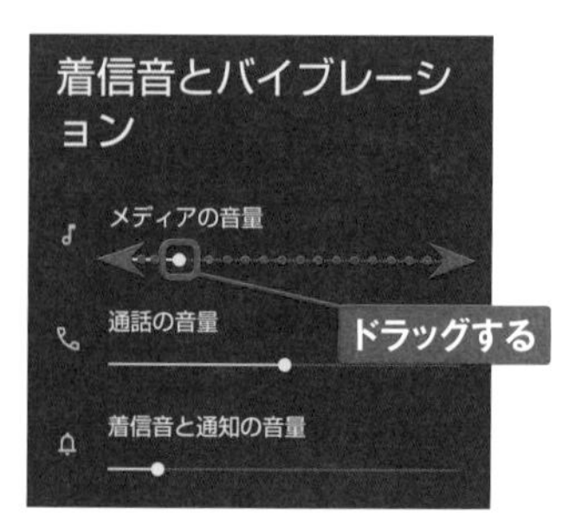

③ 手順②と同じ方法で、「着信音と通知の音量」「アラームの音量」も調節できます。

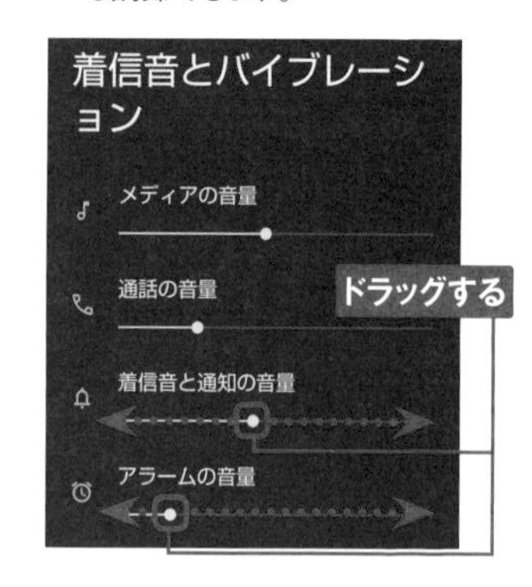

④ 画面左上の←をタッチして、設定を完了します。

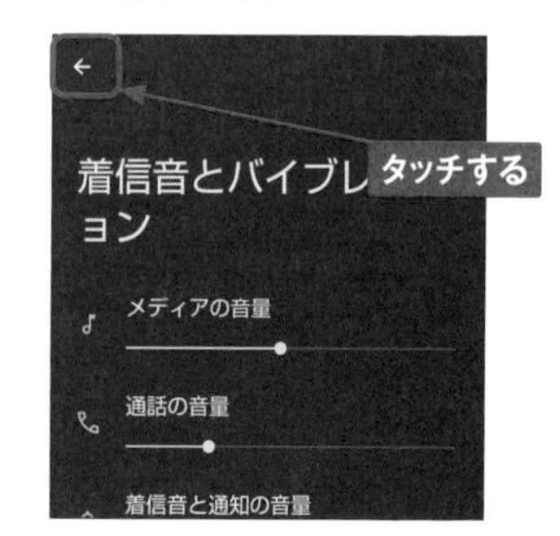

マナーモードを設定する

① 本体の右側面にある音量UP／DOWNキーを押します。

② ポップアップが表示されるので、［マナー OFF］をタッチします。

③ メニューが表示されます。ここでは［ミュート］をタッチします。

④ マナーモードがオンになり、着信音や操作音は鳴らず、着信時などにバイブレータも動作しなくなります（アラームや動画、音楽は鳴ります）。

2

操作音のオン／オフを設定する

1 P.20を参考に設定メニューを開いて、[着信音とバイブレーション]をタッチします。

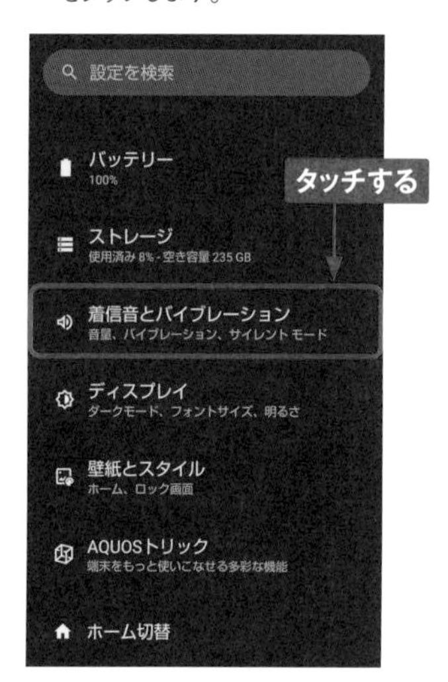

2 「着信音とバイブレーション」画面を上方向へフリックします。

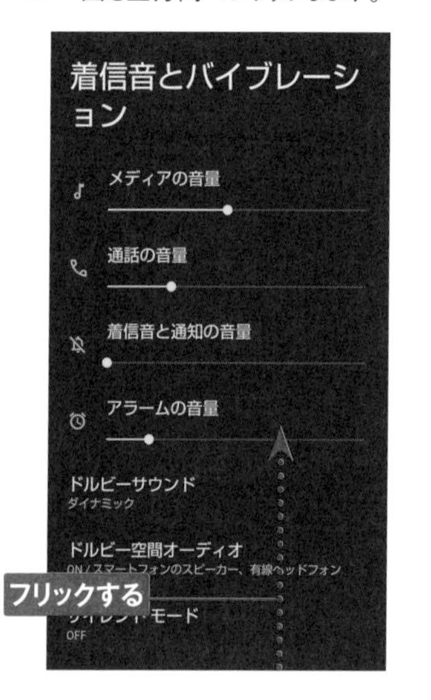

3 設定を変更したい操作音（ここでは［ダイヤルパッドの操作音］）をタッチします。

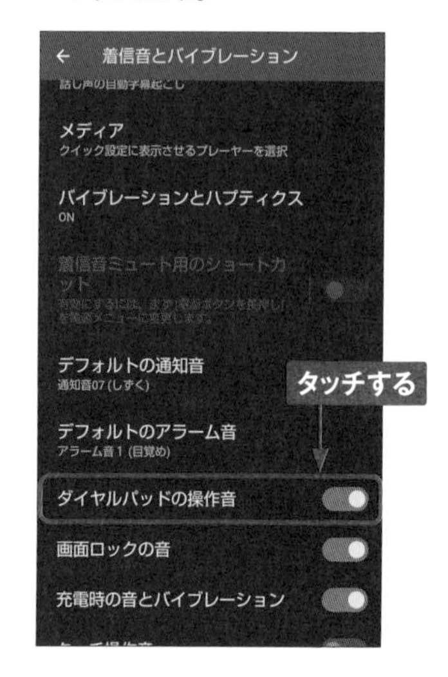

4 が に変わり、操作音がオフになります。同様にして、画面ロック音やタッチ操作音のオン／オフを切り替えできます。

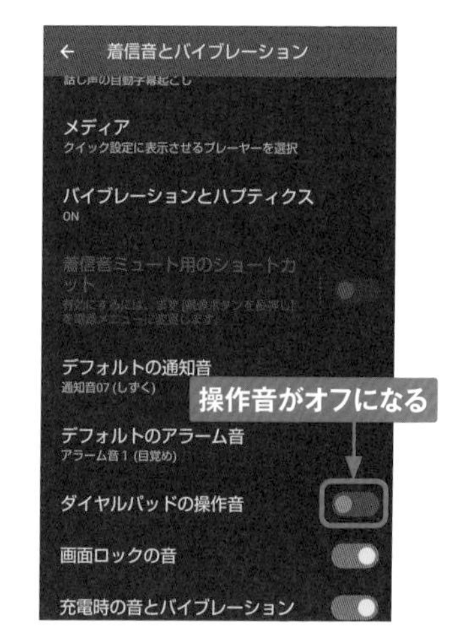

Chapter 3

インターネットと
メールを利用する

Section 21

Webページを閲覧する

SH-52D ／ SH-51Dでは、「Chrome」アプリでWebページを閲覧できます。Googleアカウントでログインすることで、パソコン用の「Google Chrome」とブックマークや履歴を共有できます。

Webページを表示する

1 ホーム画面でをタッチします。初回起動時はアカウントの確認画面が表示されるので、［同意して続行］をタッチし、「Chromeにログイン」画面でアカウントを選択して［続行］→［OK］の順にタッチします。

2 「Chrome」アプリが起動して、Webページが表示されます。URL入力欄が表示されない場合は、画面を下方向にフリックすると表示されます。

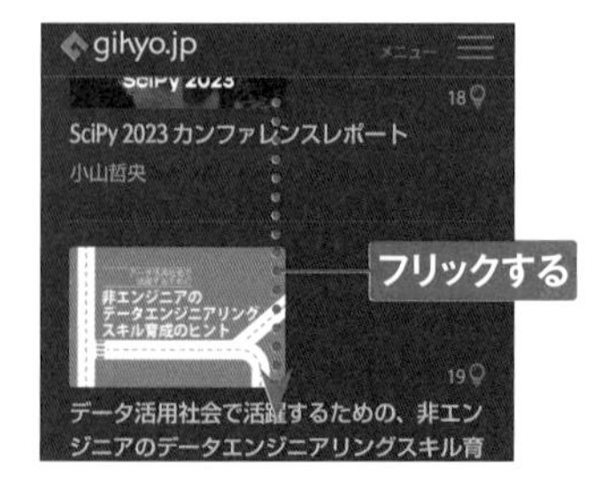

3 URL入力欄をタッチし、URLを入力して、→をタッチします。

4 入力したURLのWebページが表示されます。

Webページを移動する

① Webページの閲覧中にリンク先のページに移動したい場合、ページ内のリンクをタッチします。

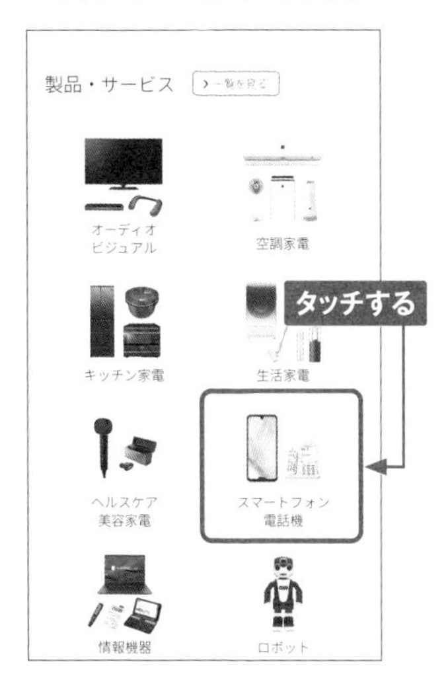

② ページが移動します。◀をタッチすると、タッチした回数分だけページが戻ります。

③ 画面右上の⋮をタッチして、→をタッチすると、前のページに進みます。

④ 画面右上の⋮をタッチして、Cをタッチすると、表示しているページが更新されます。

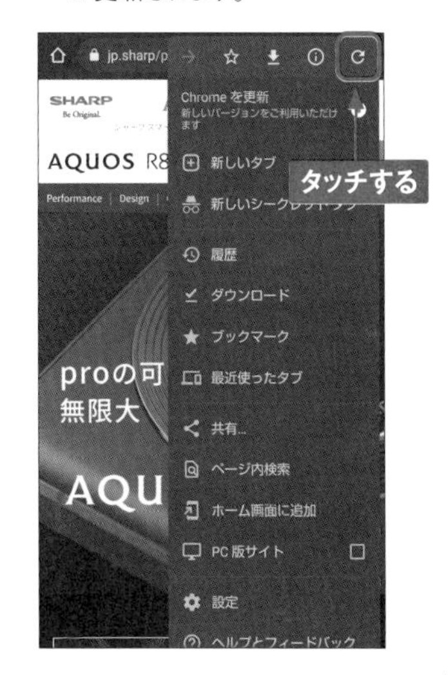

Webページを検索する

「Chrome」アプリのURL入力欄に文字列を入力すると、Google検索が利用できます。また、Webページ内の文字を選択して、Google検索を行うことも可能です。

キーワードを入力してWebページを検索する

1 Webページを開いた状態で、URL入力欄をタッチします。

2 検索したいキーワードを入力して、→をタッチします。

3 Google検索が実行され、検索結果が表示されます。開きたいページのリンクをタッチします。

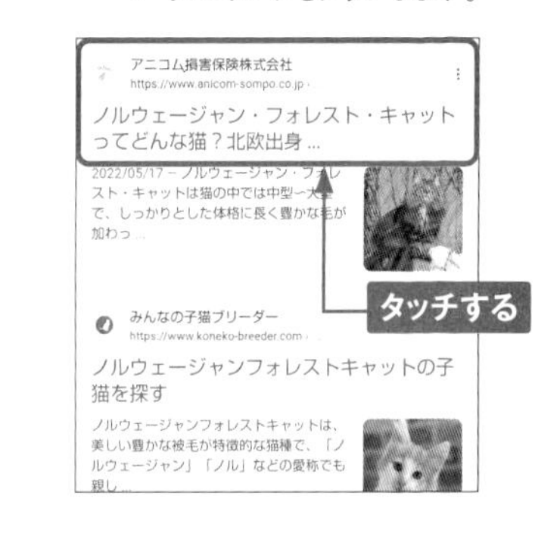

4 リンク先のページが表示されます。手順③の検索結果画面に戻る場合は、◀をタッチします。

キーワードを選択してWebページを検索する

1 Webページ内の単語をロングタッチします。

2 単語の左右の をドラッグして、検索ワードを選択します。表示されたメニューの［ウェブ検索］をタッチします。

3 検索結果が表示されます。上下にスライドしてリンクをタッチすると、リンク先のページが表示されます。

ページ内検索

「Chrome」アプリでWebページを表示し、⋮→［ページ内検索］の順にタッチします。表示される検索バーにテキストを入力すると、ページ内の合致したテキストがハイライト表示されます。

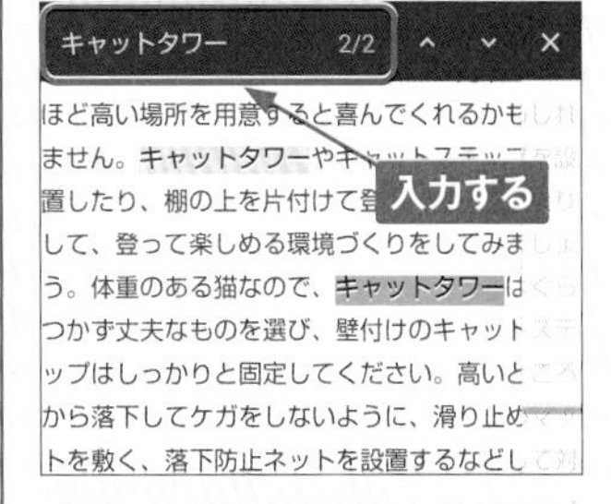

3

Section 23

複数のWebページを同時に開く

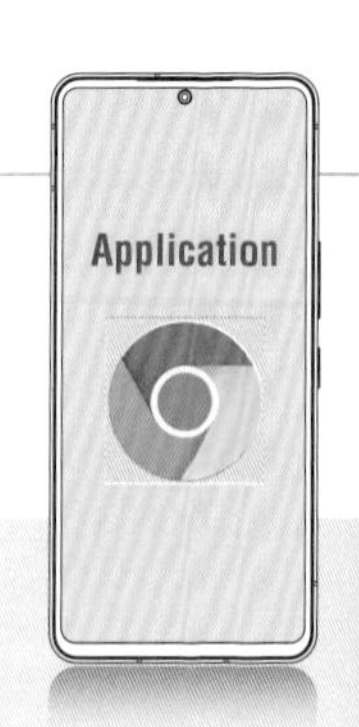

「Chrome」アプリでは、タブの切り替えで複数のWebページを同時に開くことができます。複数のページを交互に参照したいときや、常に表示しておきたいページがあるときに利用すると便利です。

Webページを新しいタブで開く

1 URL入力欄を表示して、⋮をタッチします。

2 ［新しいタブ］をタッチします。

3 新しいタブが表示されます。

MEMO リンクを新しいタブで開くには

ページ内のリンクをロングタッチし、［新しいタブをグループで開く］をタッチすると、リンク先のWebページが新しいタブで開きます。

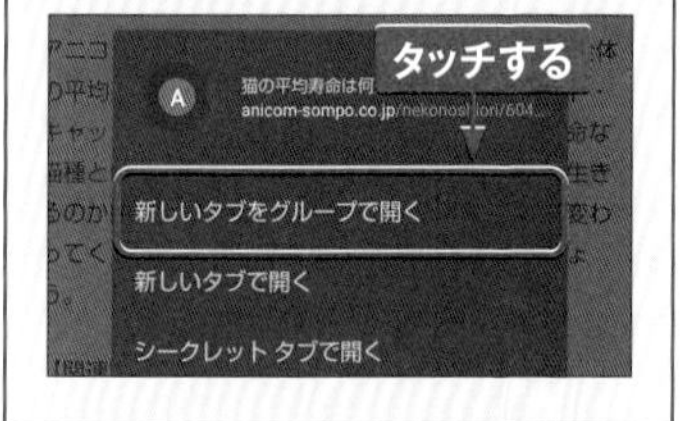

表示するタブを切り替える

① 複数のタブを開いた状態で、タブ切り替えアイコンをタッチします。

② 現在開いているタブの一覧が表示されるので、表示したいタブをタッチします。

③ 表示するタブが切り替わります。

タブを閉じるには

不要なタブを閉じたいときは、手順②の画面で、閉じたいタブの×をタッチします。

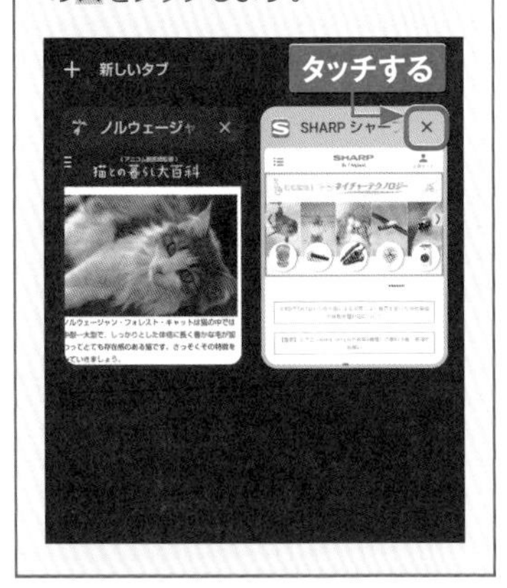

Section 24

ブックマークを利用する

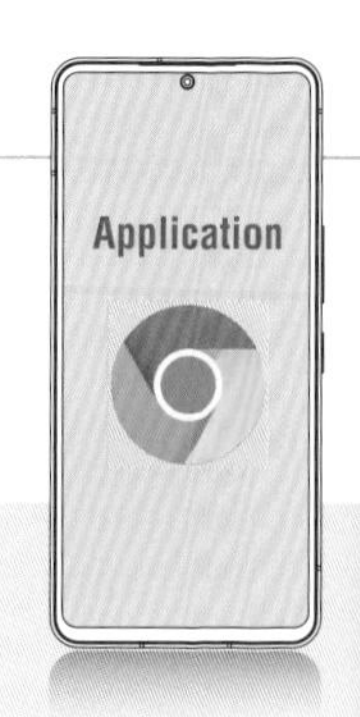

「Chrome」アプリでは、WebページのURLを「ブックマーク」に追加し、好きなときにすぐに表示することができます。よく閲覧するWebページはブックマークに追加しておくと便利です。

ブックマークを追加する

1 ブックマークに追加したいWebページを表示して、⋮をタッチします。

2 ☆をタッチします。

3 ブックマークが追加されます。[編集]をタッチします。

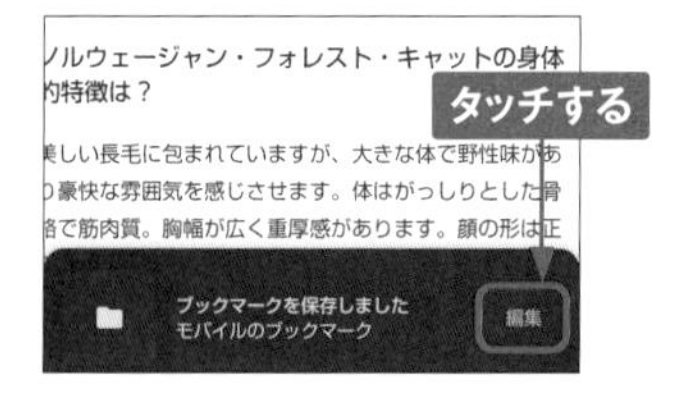

4 名前や保存先のフォルダなどを編集し、←をタッチします。

MEMO ホーム画面にショートカットを配置するには

手順②の画面で[ホーム画面に追加]をタッチすると、表示しているWebページのショートカットをホーム画面に配置できます。

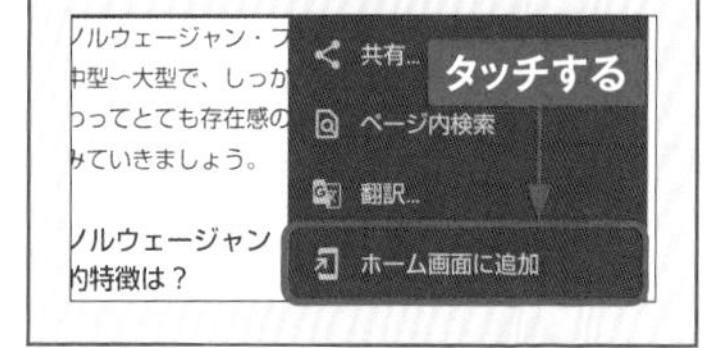

ブックマークからWebページを表示する

1 「Chrome」アプリを起動し、URL入力欄を表示して、⋮をタッチします。

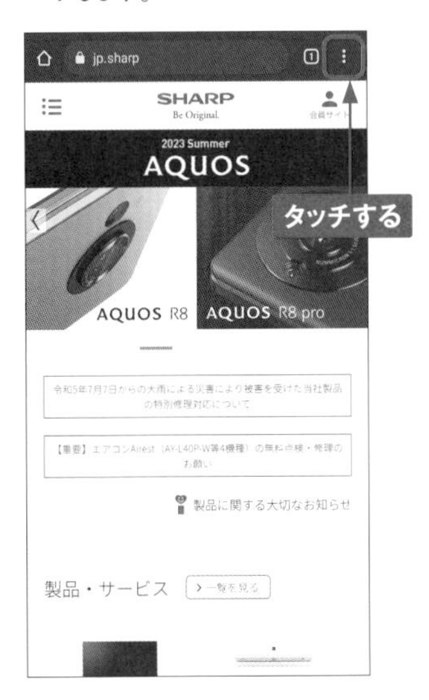

2 ［ブックマーク］をタッチします。

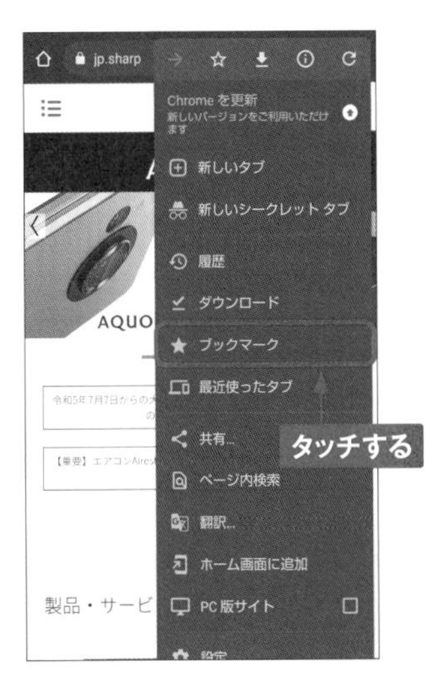

3 「ブックマーク」画面が表示されるので、閲覧したいブックマークをタッチします。

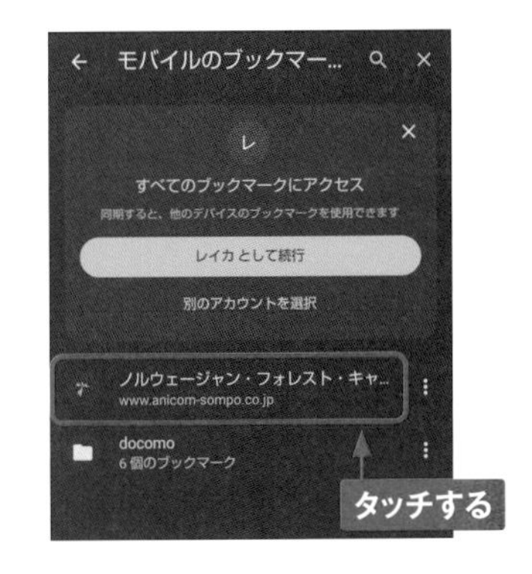

4 ブックマークに追加したWebページが表示されます。

MEMO ブックマークの削除

手順③の画面で削除したいブックマークの⋮をタッチし、［削除］をタッチすると、ブックマークを削除できます。

3

Section 25

SH-52D／SH-51Dで使えるメールの種類

SH-52D ／ SH-51Dでは、ドコモメール（@docomo.ne.jp）やSMS、＋メッセージを利用できるほか、GmailおよびYahoo!メールなどのパソコンのメールも使えます。

ドコモメール

NTTドコモの提供するメールです。「@docomo.ne.jp」のアドレスが使えます。iモードと同じアドレスが使用可能です。

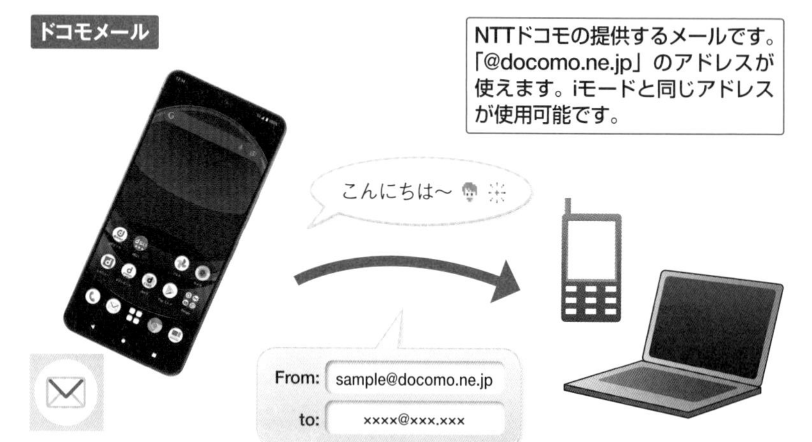

SMSと+メッセージ

相手の携帯電話番号宛にメッセージを送信します。従来のSMSとそれを拡張した＋メッセージ（P.75 MEMO参照）を利用できます。

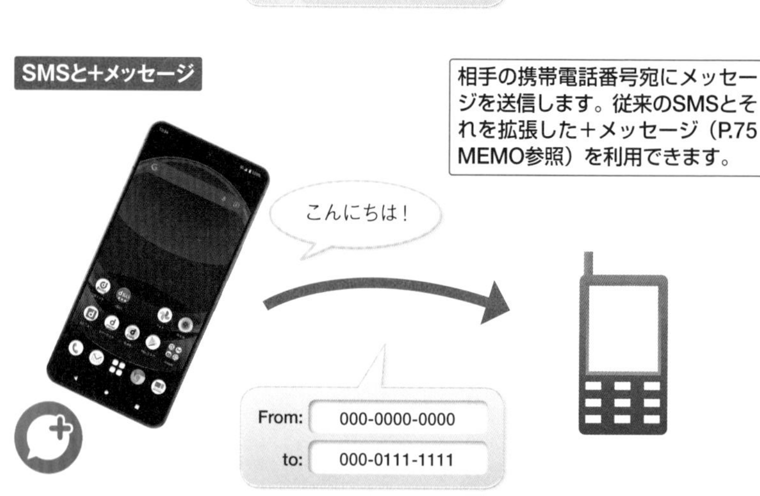

3

+メッセージについて

+メッセージは、従来のSMSを拡張したものです。宛先に相手の携帯電話番号を指定するのはSMSと同じですが、文字だけしか送信できないSMSと異なり、スタンプや写真、動画などを送ることができます。ただし、SMSは相手を問わず利用できるのに対し、+メッセージは、相手も+メッセージを利用している場合のみやり取りが行えます。相手が+メッセージを利用していない場合は、SMSとしてテキスト文のみが送信されます。+メッセージは、NTTドコモ、au、ソフトバンクのAndroidスマートフォンとiPhoneで利用できます。

Section 26

ドコモメールを設定する

SH-52D / SH-51Dでは「ドコモメール」を利用できます。ここでは、ドコモメールの初期設定方法を解説します。なお、ドコモショップなどで設定済みの場合は、ここでの操作は必要ありません。

ドコモメールの利用を開始する

1 ホーム画面で✉をタッチします。

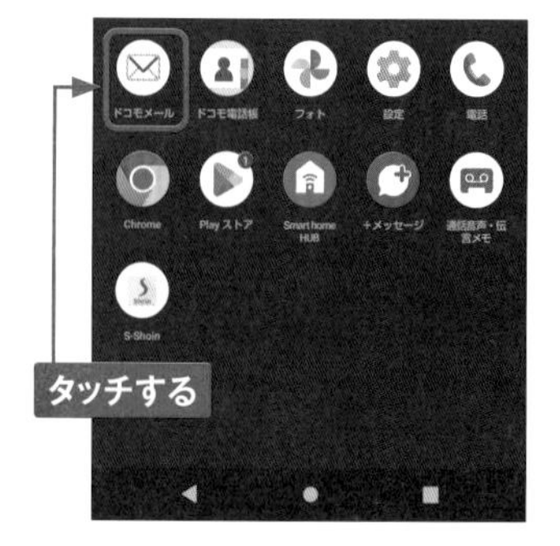

2 アップデートの画面が表示された場合は、[アップデート]をタッチします。アップデートの完了後、[アプリ起動]をタッチします。

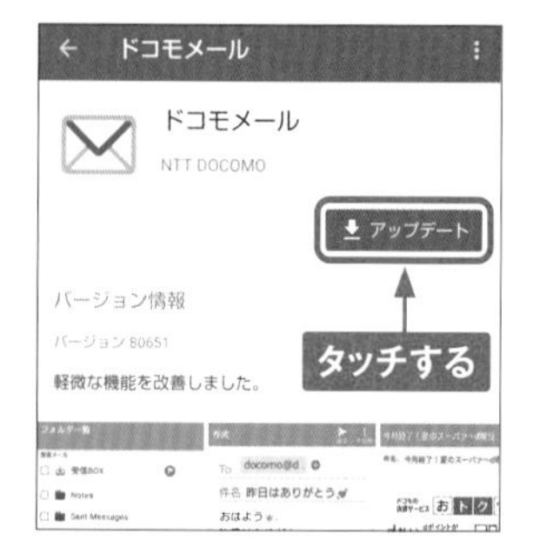

3 アクセス許可の説明が表示されたら、[次へ]をタッチします。アクセス許可の画面がいくつか表示されるので、それぞれ[許可]をタッチします。

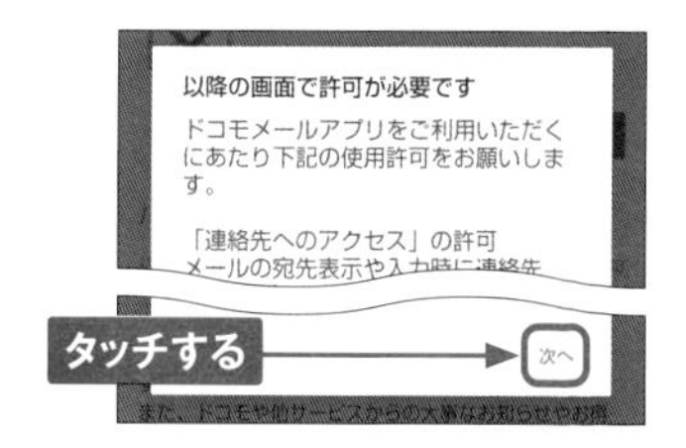

4 アプリケーションプライバシーポリシーとソフトウェア使用許諾の説明で[～同意する]をタッチしてチェックを入れ、[利用開始]をタッチします。続いて、メッセージSの利用許諾の画面でも同様に操作します。

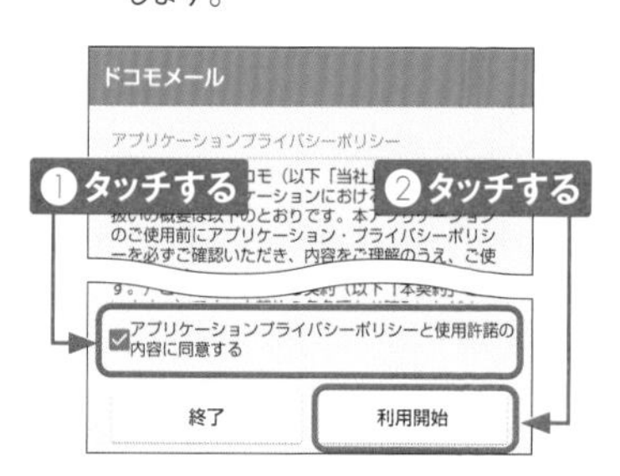

5 「ドコモメールアプリ更新情報」画面で［閉じる］をタッチします。

6 「設定情報の復元」画面が表示された場合は、［設定情報を復元する］をタッチして、［OK］をタッチします。

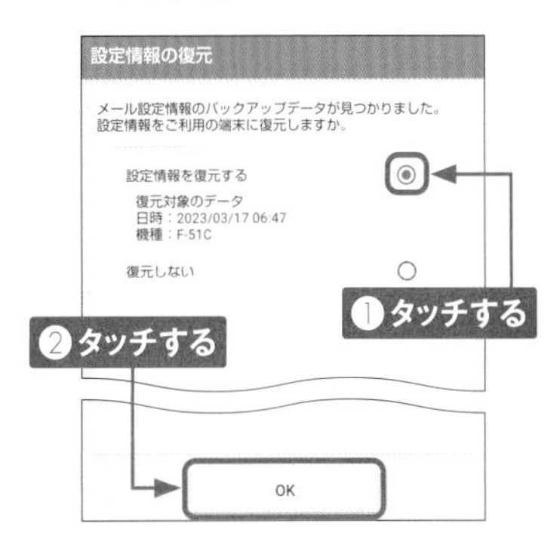

7 「文字サイズ設定」画面の設定はあとからできるので（P.81MEMO参照）、［OK］をタッチします。

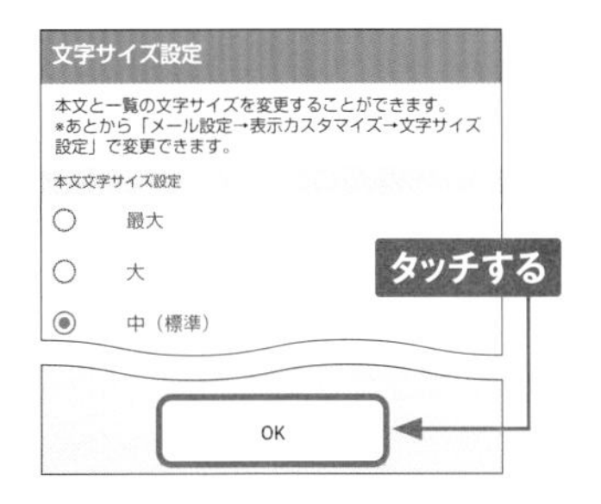

8 「フォルダ一覧」画面が表示されて、ドコモメールを利用できる状態になります。フォルダの1つをタッチします。

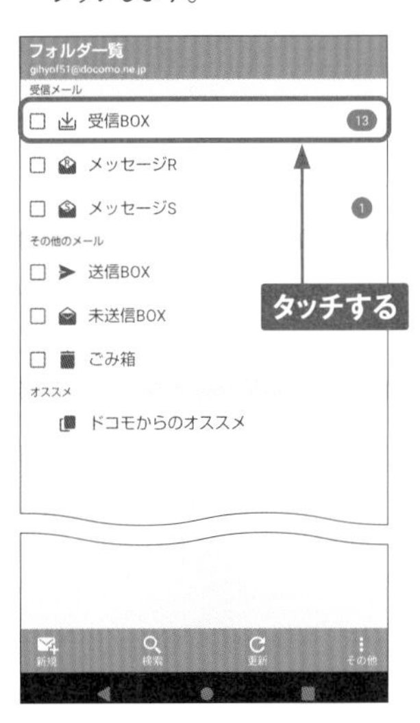

9 受信したメールが表示されます。次回から、P.76手順①で✉をタッチすると、すぐに「ドコモメール」アプリが起動します。

ドコモメールのアドレスを変更する

1 P.77手順⑧の「フォルダ一覧」画面を表示し、画面右下の［その他］→［メール設定］をタッチします。

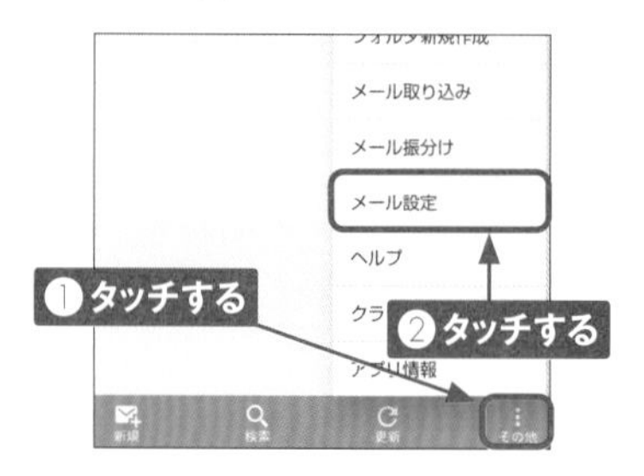

2 ［ドコモメール設定サイト］をタッチします。

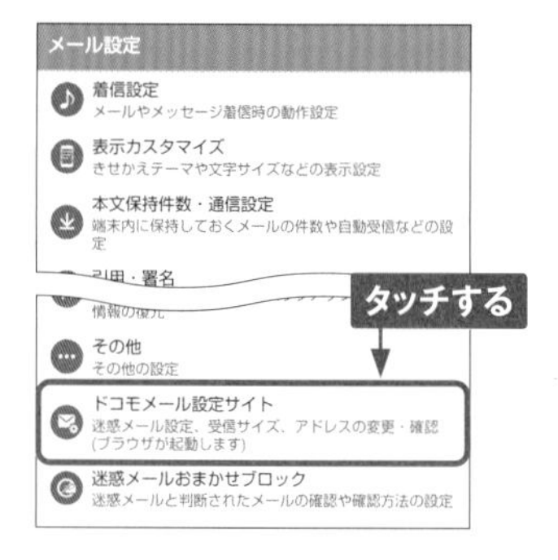

3 「本人確認」画面が表示された場合は、dアカウントIDと電話番号を確認して［次へ］をタッチします。

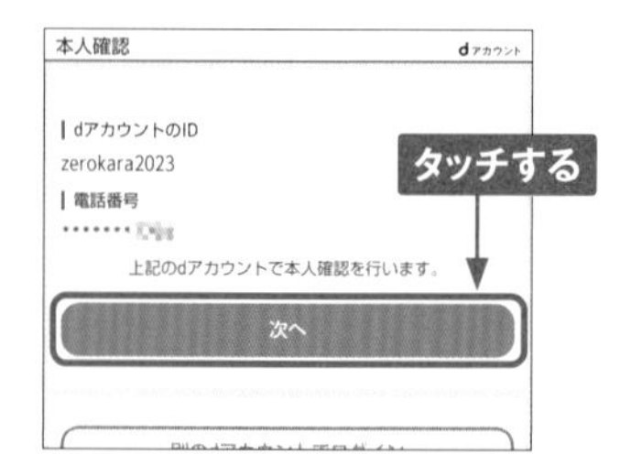

4 「パスワード確認」画面が表示されたら、spモードパスワードを入力し、［spモードパスワード確認］をタッチします。

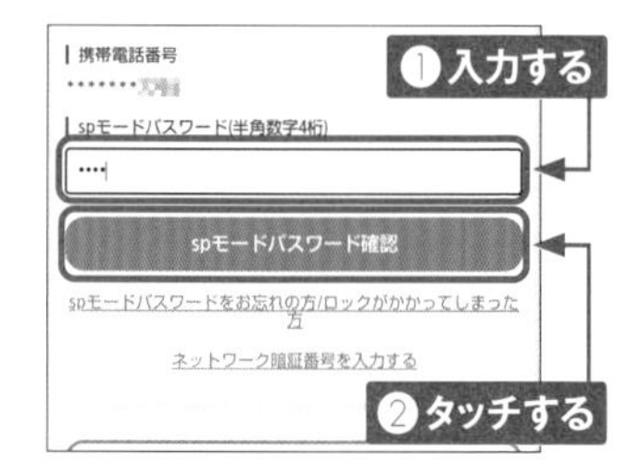

5 「メール設定」画面で［メール設定内容の確認］をタッチします。

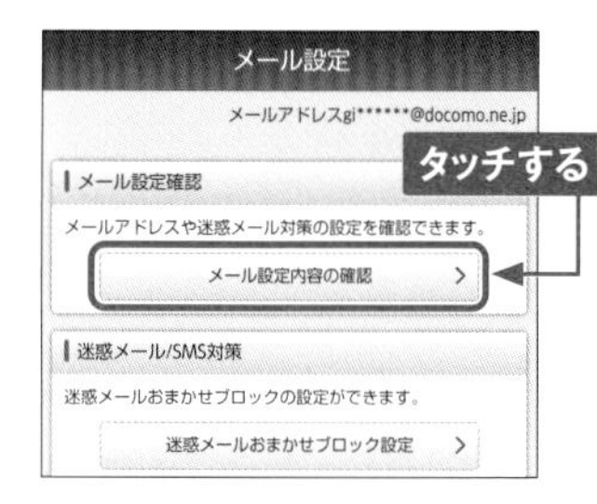

6 「メールアドレス」の［メールアドレスの変更］をタッチします。

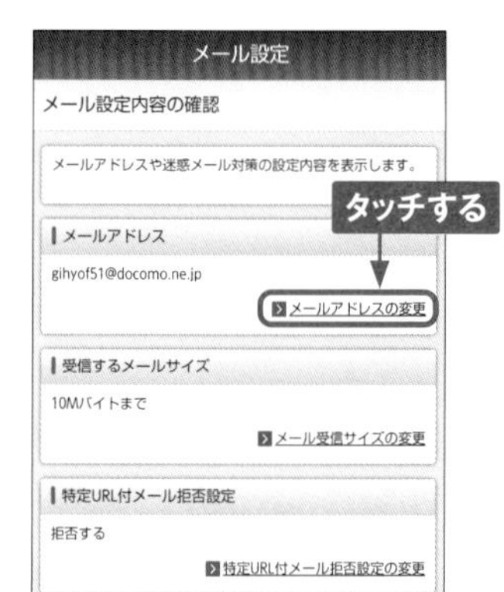

7 表示された画面を上方向にスライドします。[自分で希望するアドレスに変更する] をタッチして、希望するメールアドレスを入力し、[確認する] をタッチします。

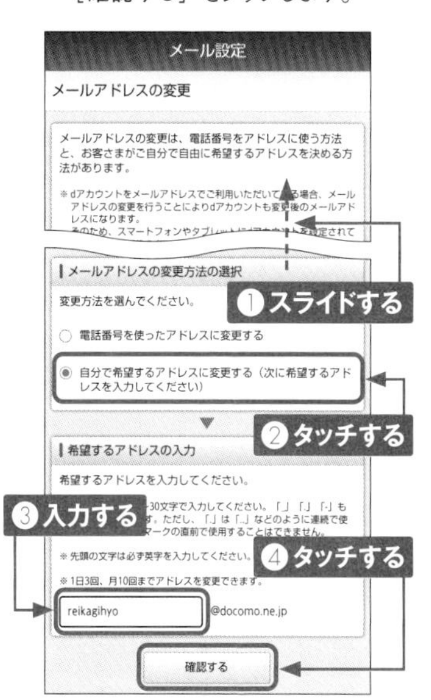

8 入力したメールアドレスを確認して、[設定を確定する] をタッチします。メールアドレスを修正する場合は [修正する] をタッチします。

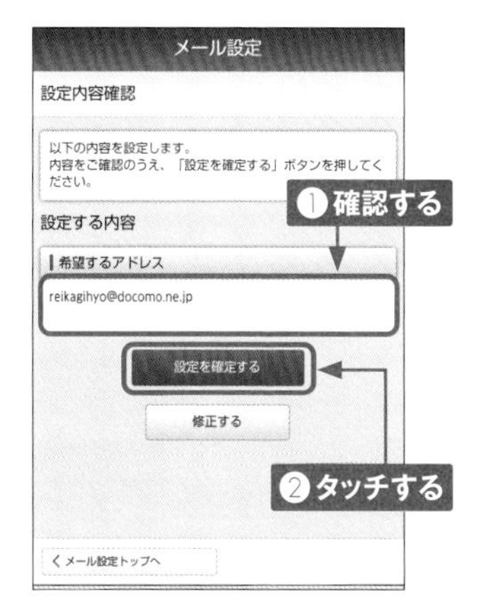

9 [メール設定トップへ] をタッチすると、「メール設定」画面に戻ります。この画面で迷惑メール対策などが設定できます（Sec.29参照）。設定が必要なければホーム画面に戻ります。

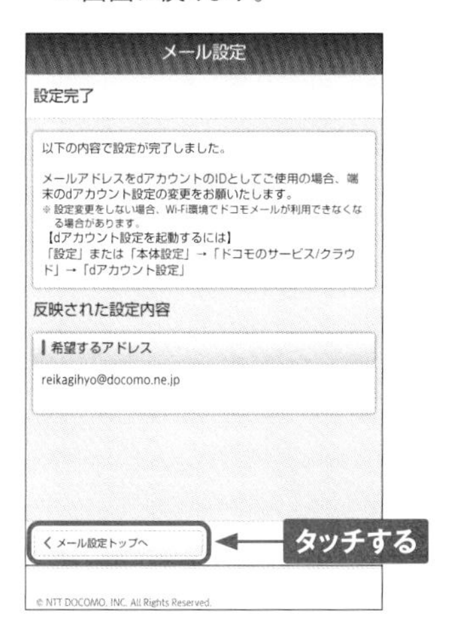

MEMO メールアドレスを引き継ぐには

すでに利用しているdocomo.ne.jpのメールアドレスがある場合は、同じメールアドレスを引き続き使用することができます。手順⑤の「メール設定」画面を上方向にスライドし、[メールアドレスの入替え] をタッチして、画面の表示に従って設定を進めましょう。

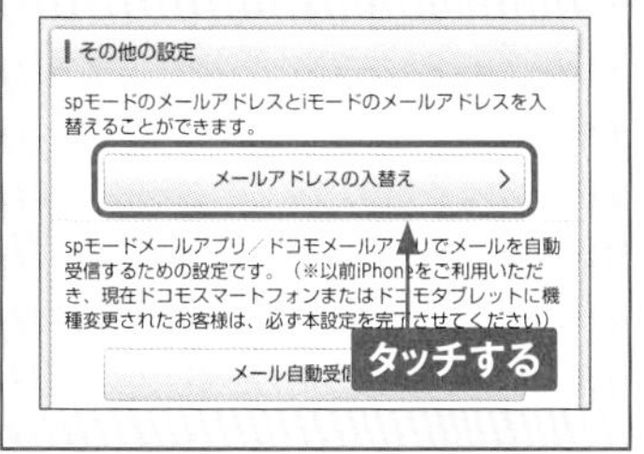

Section 27

Application

ドコモメールを利用する

P.78 ～ 79で変更したメールアドレスで、ドコモメールを使ってみましょう。ほかの携帯電話とほとんど同じ感覚で、メールの閲覧や返信、新規作成が行えます。

ドコモメールを新規作成する

1 ホーム画面で✉をタッチします。

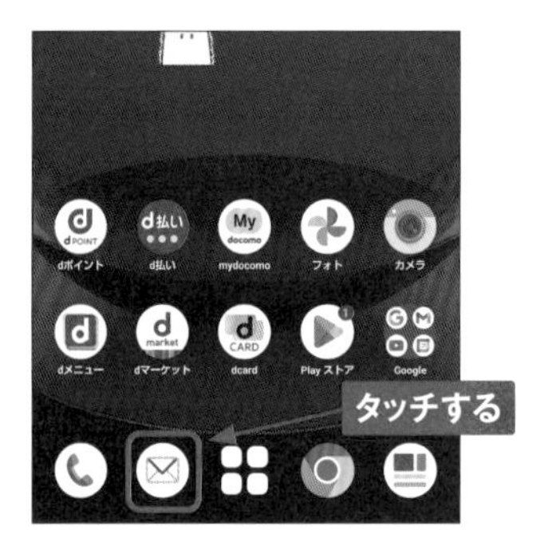

2 「フォルダ一覧」画面左下の［新規］をタッチします。「フォルダ一覧」画面が表示されていないときは、◀を何度かタッチします。

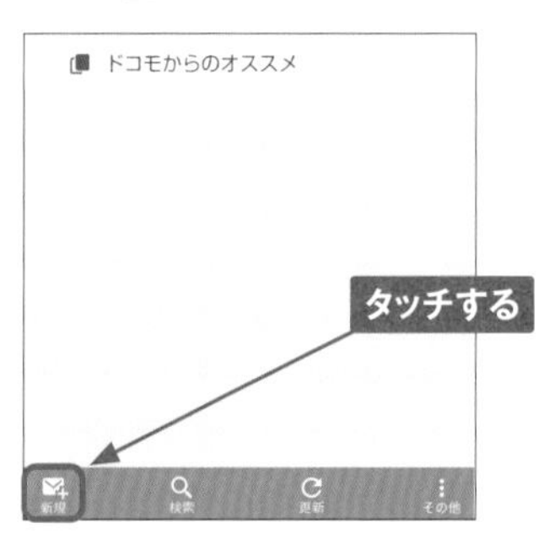

3 新規メールの「作成」画面が表示されるので、をタッチします。「To」欄に直接メールアドレスを入力することもできます。

4 電話帳に登録した連絡先のメールアドレスが名前順に表示されるので、送信したい宛先をタッチしてチェックを付け、［決定］をタッチします。履歴から宛先を選ぶこともできます。

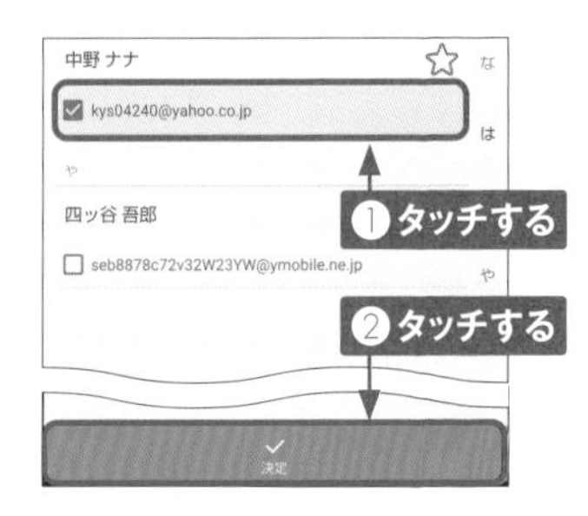

5 メールの「作成」画面に戻り、「件名」欄をタッチしてタイトルを入力します。「本文」欄をタッチします。

6 メールの本文を入力します。

7 [送信] をタッチすると、メールを送信できます。なお、[添付]をタッチすると、写真などのファイルを添付できます。

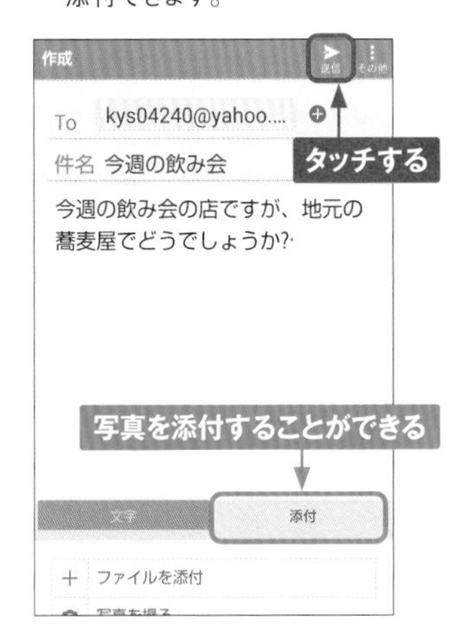

MEMO

文字サイズの変更

ドコモメールでは、メール本文や一覧表示時の文字サイズを変更することができます。P.80手順②で画面右下の［その他］をタッチし、［メール設定］→［表示カスタマイズ］→［文字サイズ設定］の順にタッチし、好みの文字サイズをタッチします。

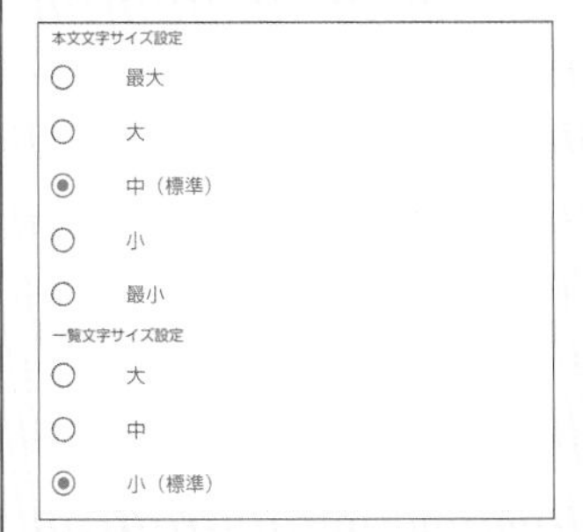

3

受信したメールを閲覧する

① メールを受信すると通知が表示されるので、✉をタッチします。

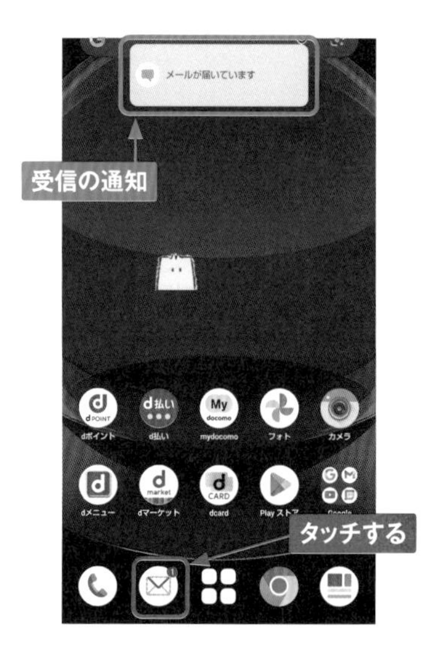

② 「フォルダ一覧」画面が表示されたら、[受信BOX]をタッチします。

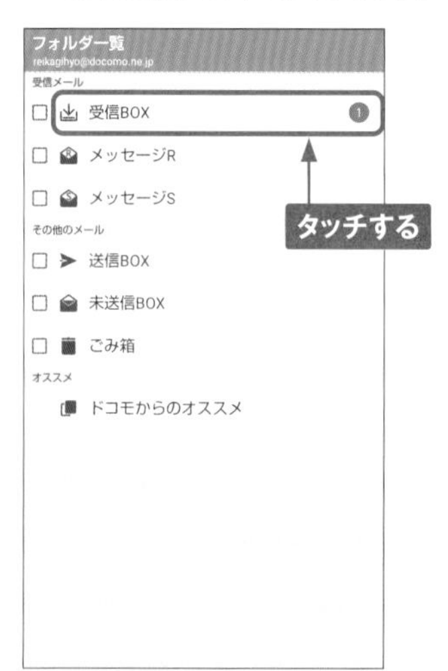

③ 受信したメールの一覧が表示されます。内容を閲覧したいメールをタッチします。

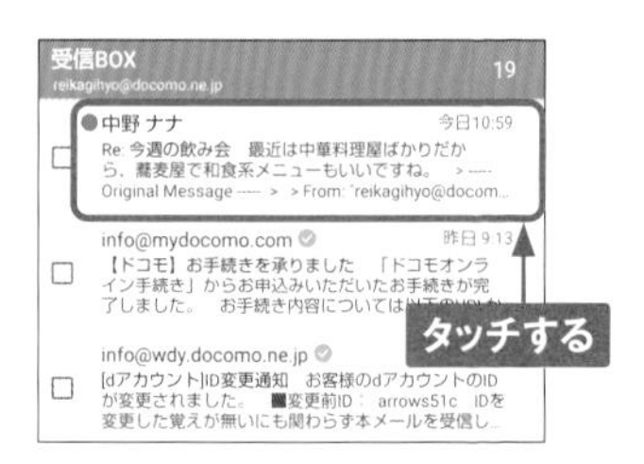

④ メールの内容が表示されます。宛先横の⌄をタッチすると、宛先のアドレスと件名が表示されます。

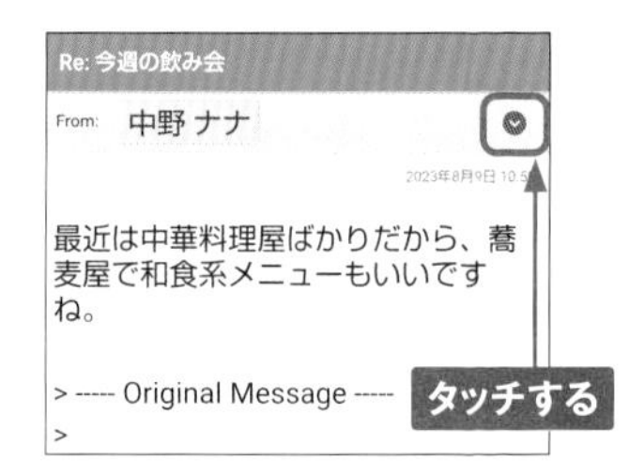

メールの削除

手順③の「受信BOX」画面で削除したいメールの左にある□をタッチしてチェックを付け、画面下部のメニューから［削除］をタッチすると、メールを削除できます。

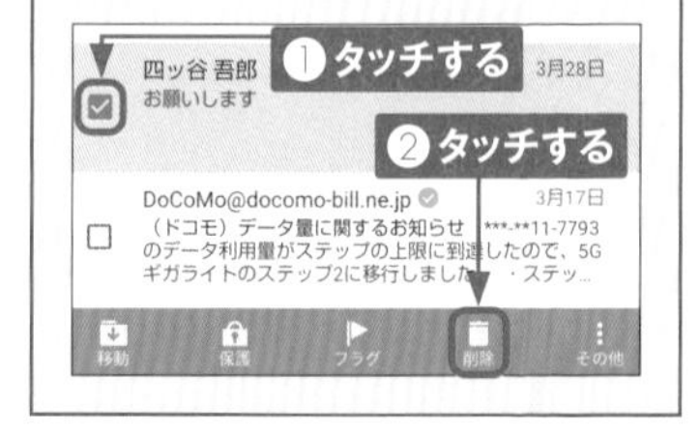

受信したメールに返信する

① P.82を参考に受信したメールを表示し、画面左下の［返信］をタッチします。

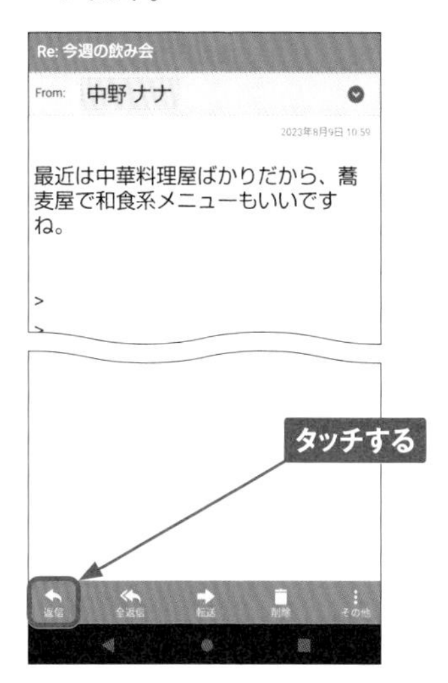

② メールの「作成」画面が表示されるので、相手に返信する本文を入力します。

③ ［送信］をタッチすると、返信のメールが相手に送信されます。

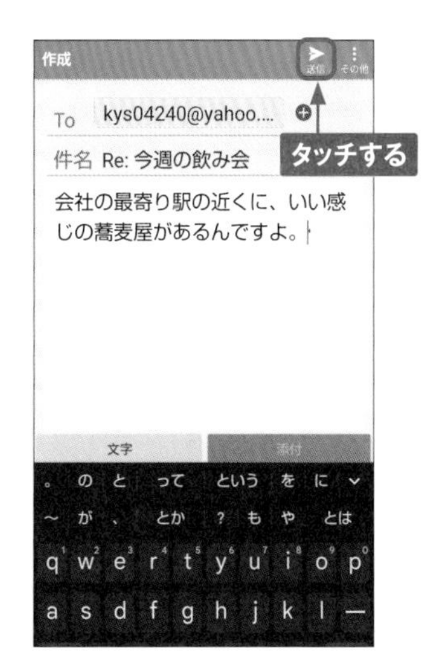

MEMO フォルダの作成

ドコモメールではフォルダでメールを管理できます。フォルダを作成するには、「フォルダ一覧」画面で画面右下の［その他］→［フォルダ新規作成］の順にタッチします。

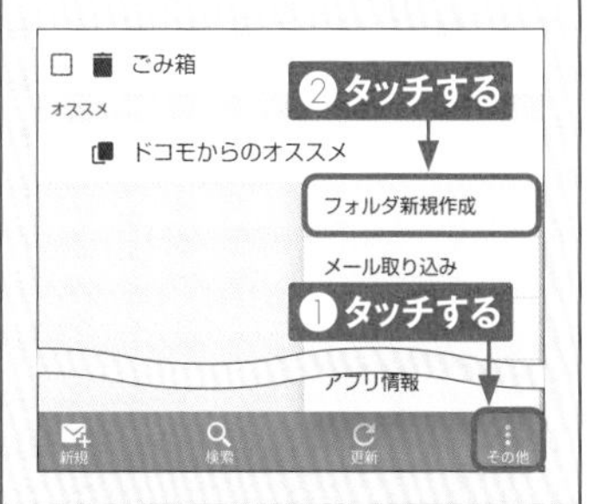

3

Section 28

メールを自動振分けする

ドコモメールは、送受信したメールを自動的に任意のフォルダへ振分けることも可能です。ここでは、振分けのルールの作成手順を解説します。

振分けルールを作成する

1 「フォルダ一覧」画面で画面右下の［その他］をタッチし、［メール振分け］をタッチします。

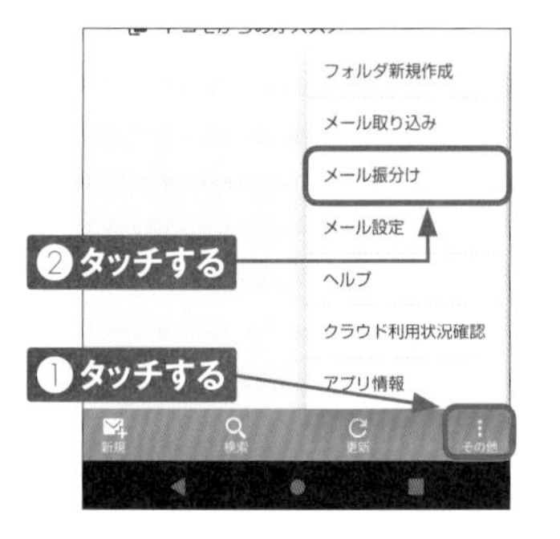

2 「振分けルール」画面が表示されるので、［新規ルール］をタッチします。

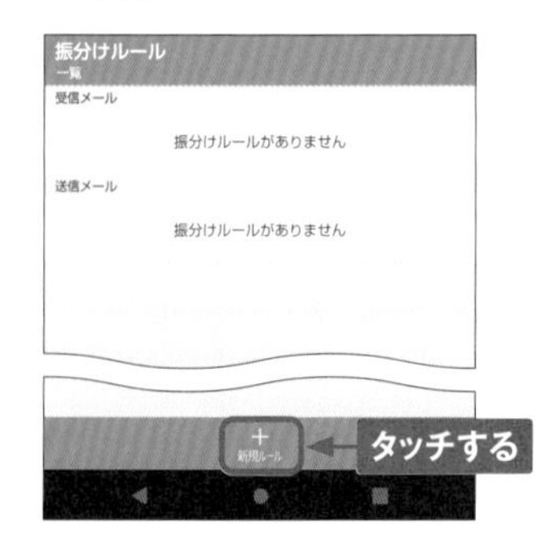

3 ［受信メール］または［送信メール］（ここでは［受信メール］）をタッチします。

MEMO 振分けルールの作成

ここでは、受信したメールを「差出人のメールアドレス」に応じてフォルダに振り分けるルールを作成しています。なお、手順③で［送信メール］をタッチすると、送信したメールの振分けルールを作成できます。

4 「振分け条件」の［新しい条件を追加する］をタッチします。

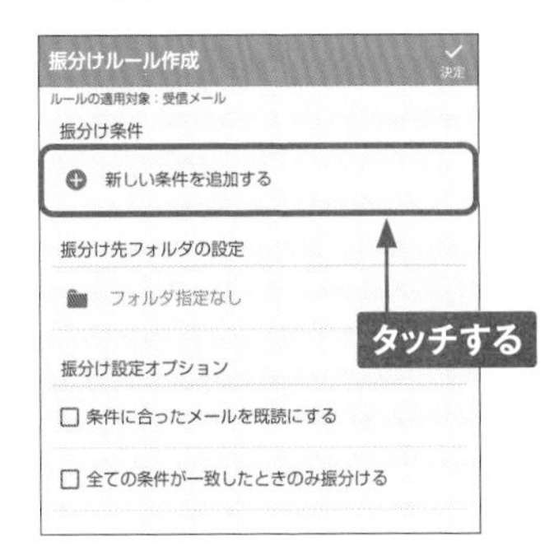

5 振分けの条件を設定します。「対象項目」のいずれか（ここでは［差出人で振り分ける］）をタッチします。

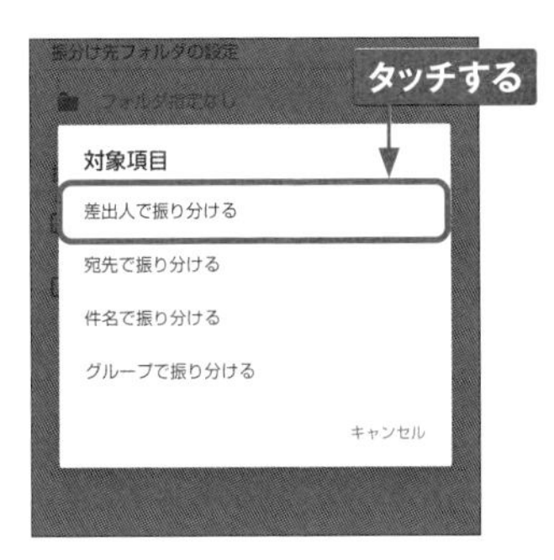

6 任意のキーワード（ここでは差出人のメールアドレス）を入力して、［決定］をタッチします。

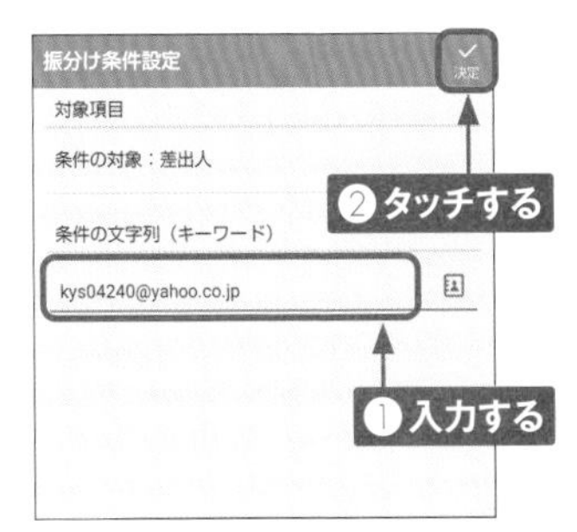

7 手順④の画面に戻るので［フォルダ指定なし］→［振分け先フォルダを作る］をタッチします。

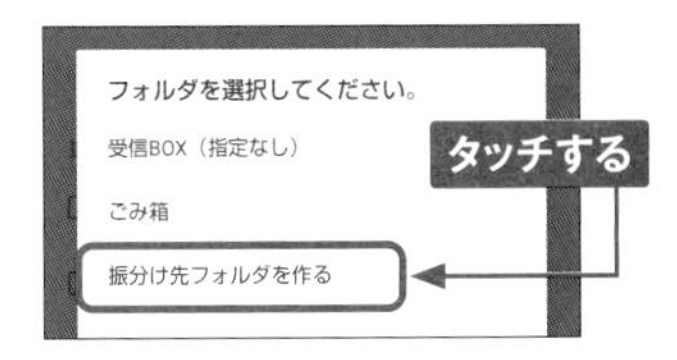

8 10文字以内でフォルダ名を入力し、希望があればフォルダのアイコンを選択して、［決定］をタッチします。「確認」画面が表示されたら、［OK］をタッチします。

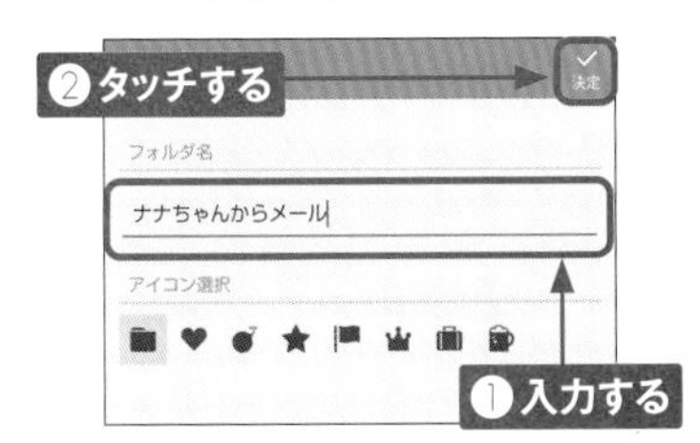

9 ［決定］をタッチします。「振分け」画面が表示されたら、［はい］をタッチします。

10 振分けルールが登録されます。

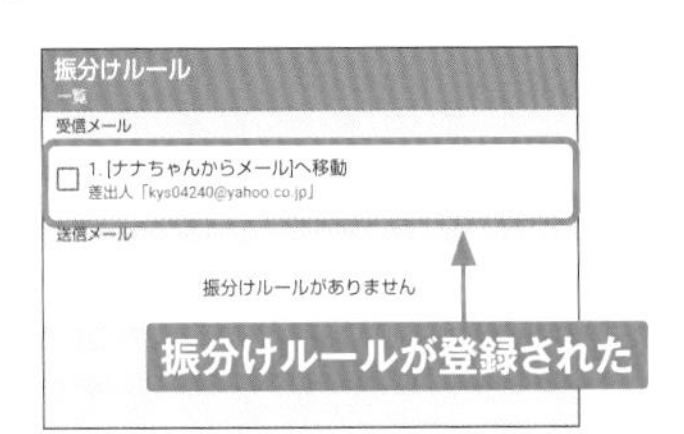

3

Section 29

迷惑メールを防ぐ

ドコモメールでは、受信したくないメールをドメインやアドレス別に細かく設定することができます。スパムメールや怪しいメールの受信を拒否したい場合などに設定しておきましょう。

迷惑メールフィルターを設定する

1 ホーム画面で✉をタッチします。

2 画面右下の［その他］をタッチし、［メール設定］をタッチします。

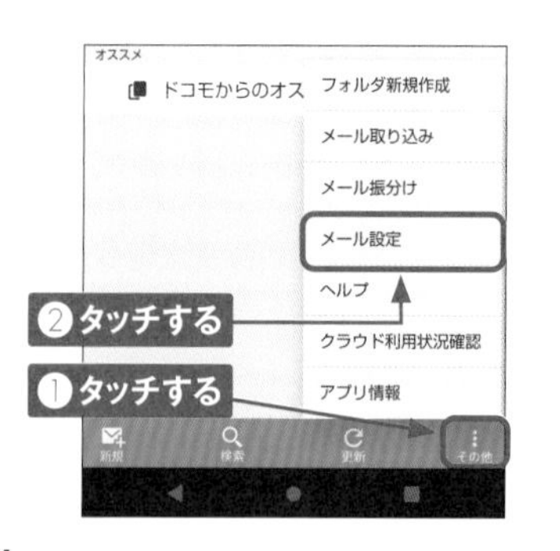

3 ［ドコモメール設定サイト］をタッチします。

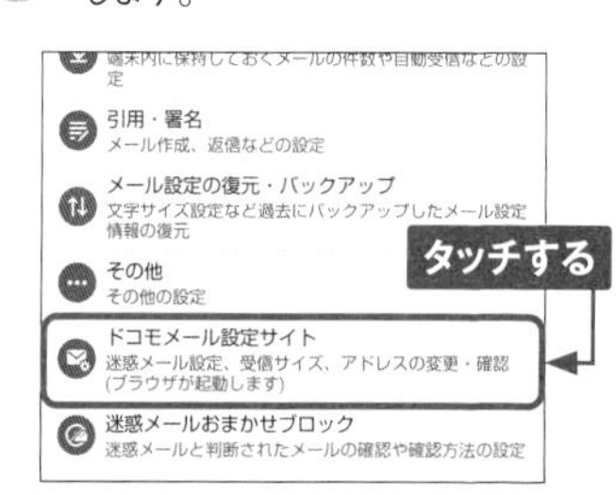

MEMO **迷惑メールおまかせブロックとは**

ドコモでは、迷惑メールフィルターの設定のほかに、迷惑メールを自動で判定してブロックする「迷惑メールおまかせブロック」という、より強力な迷惑メール対策サービスがあります。月額利用料金は200円ですが、これは「あんしんセキュリティ」の料金なので、同サービスを契約していれば、「迷惑メールおまかせブロック」も追加料金不要で利用できます。

4 「パスワード確認」画面が表示されたら、spモードパスワードを入力して、[spモードパスワード確認]をタッチします。設定済みであれば、生体認証や画面ロックの暗証番号での認証もできます。

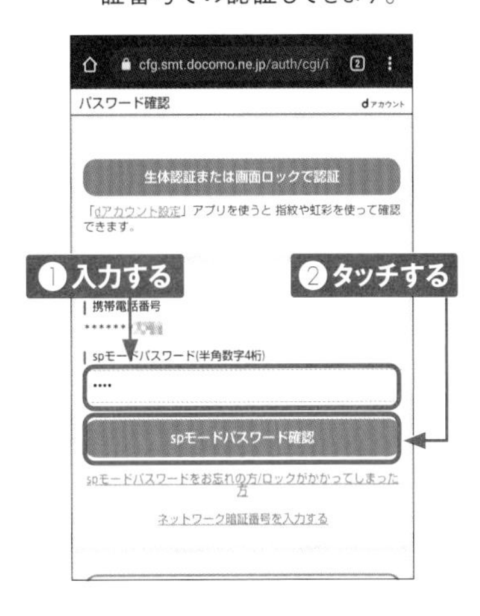

5 [利用シーンに合わせた設定]が展開されていない場合はタッチして展開し、[拒否リスト設定]をタッチします。

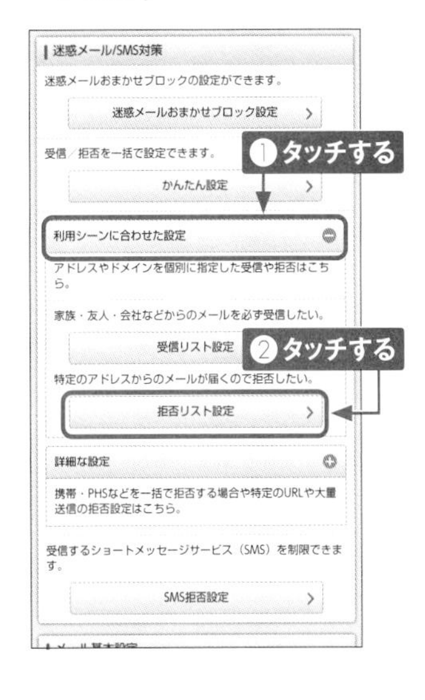

6 「拒否リスト設定」の[設定を利用する]をタッチして、画面を上方向にスライドします。

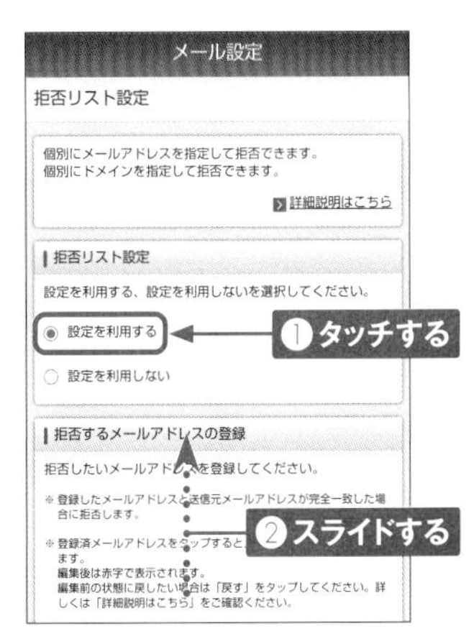

7 「登録済メールアドレス」の[さらに追加する]をタッチして、受信を拒否するメールアドレスを登録します。同様に、「登録済ドメイン」の[さらに追加する]をタッチすると、受信を拒否するドメインを登録できます。[確認する]→[設定を確定する]の順にタッチすると、設定が完了します。

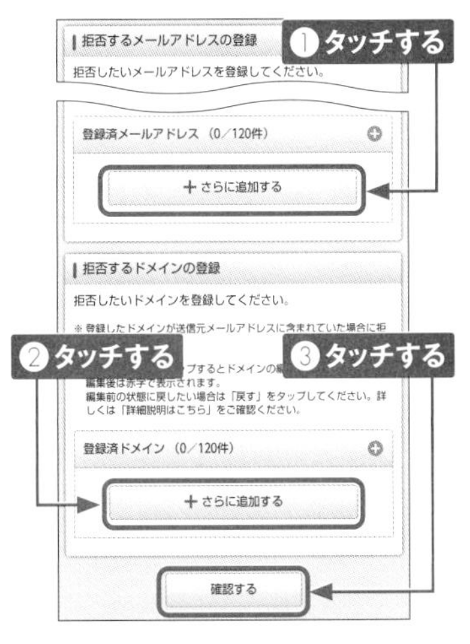

3

+メッセージを利用する

「+メッセージ」アプリでは、携帯電話番号を宛先にして、テキストや写真、ビデオ、スタンプなどを送信できます。「+メッセージ」アプリを使用していない相手の場合は、SMSでやり取りが可能です。

+メッセージとは

SH-52D ／ SH-51Dでは、「+メッセージ」アプリで+メッセージとSMSが利用できます。+メッセージでは文字が全角2,730文字、そのほかに100MBまでの写真や動画、スタンプ、音声メッセージをやり取りでき、グループメッセージや現在地の送受信機能もあります。パケットを使用するため、パケット定額のコースを契約していれば、とくに料金は発生しません。なお、SMSではテキストメッセージしか送れず、別途送信料もかかります。
また、+メッセージは、相手も+メッセージを利用している場合のみ利用できます。SMSと+メッセージどちらが利用できるかは自動的に判別されますが、画面の表示からも判断することができます（下図参照）。

「+メッセージ」アプリで表示される連絡先の相手画面です。+メッセージを利用している相手には、が表示されます。プロフィールアイコンが設定されている場合は、アイコンが表示されます。

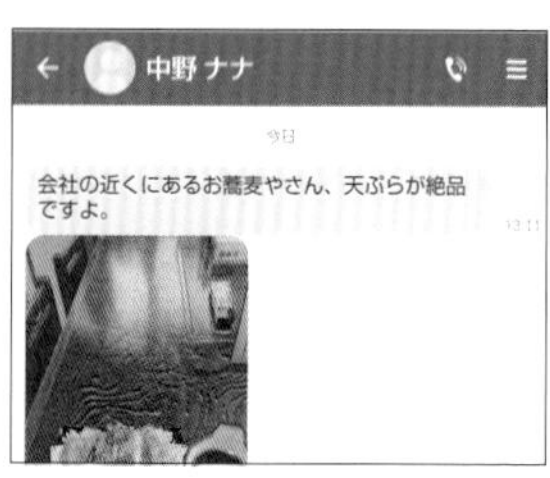

相手が+メッセージを利用していない場合は、メッセージ画面の名前欄とメッセージ欄に「SMS」と表示されます（上図）。+メッセージを利用している相手の場合は、何も表示されません（下図）。

+メッセージを利用できるようにする

1 ホーム画面を左方向にフリックし、[+メッセージ] をタッチします。

2 初回起動時は、+メッセージについての説明が表示されるので、内容を確認して、[次へ] をタッチしていきます。バックアップ連携のメッセージが表示されたら、[許可] をタッチします。

3 利用条件に関する画面が表示されたら、内容を確認して、[すべて同意する] をタッチします。

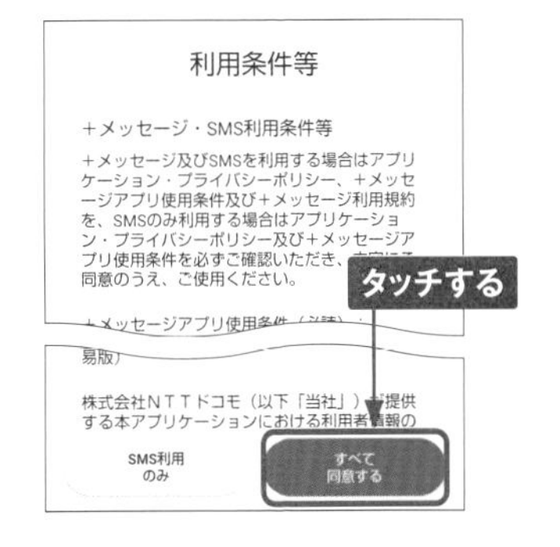

4 「+メッセージ」アプリについての説明が表示されたら、左方向にフリックしながら、内容を確認します。

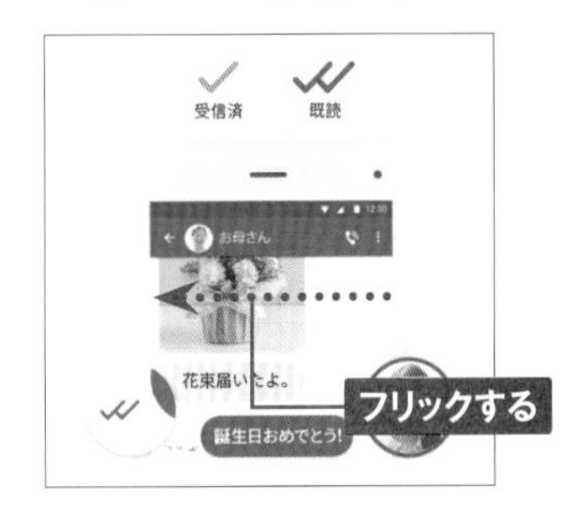

5 「プロフィール（任意）」画面が表示されます。名前などを入力し、[OK] をタッチします。プロフィールは設定しなくてもかまいません。

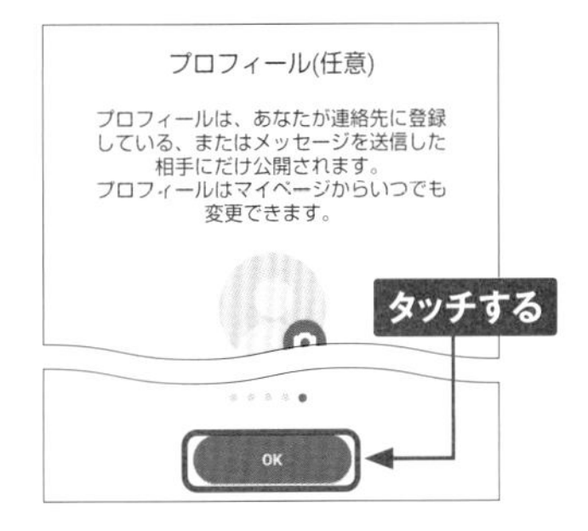

6 「+メッセージ」アプリが起動します。

メッセージを送信する

1 P.89手順①を参考にして、「+メッセージ」アプリを起動します。新規にメッセージを作成する場合は［メッセージ］をタッチして、⊕をタッチします。

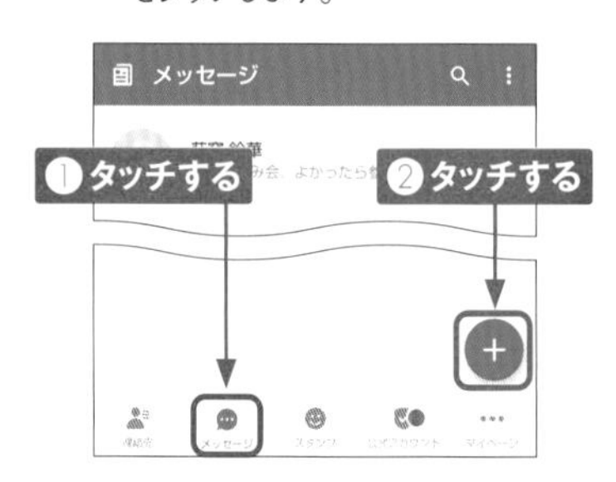

2 ［新しいメッセージ］をタッチします。

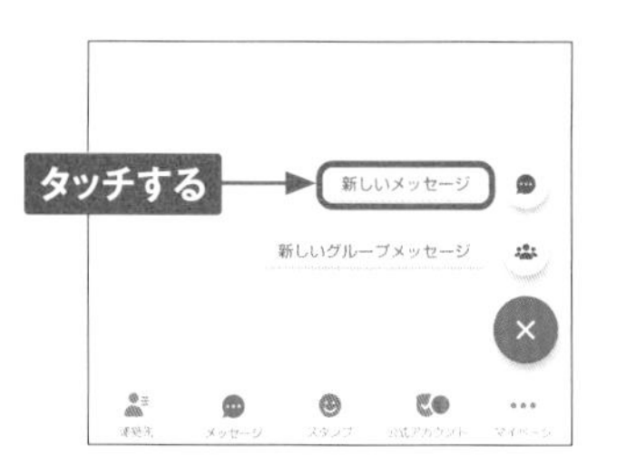

3 「新しいメッセージ」画面が表示されます。送信先の電話番号を入力して、［直接指定］をタッチします。メッセージを送りたい相手をタッチして、選択することも可能です。

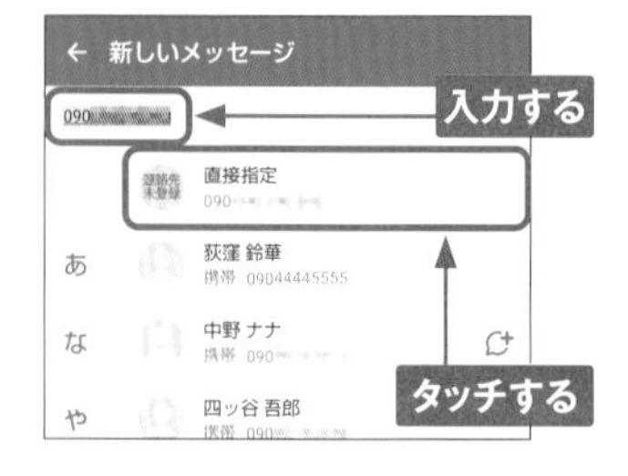

4 ［メッセージ］をタッチして、メッセージを入力し、▶をタッチします。

5 メッセージが送信され、画面の右側に表示されます。

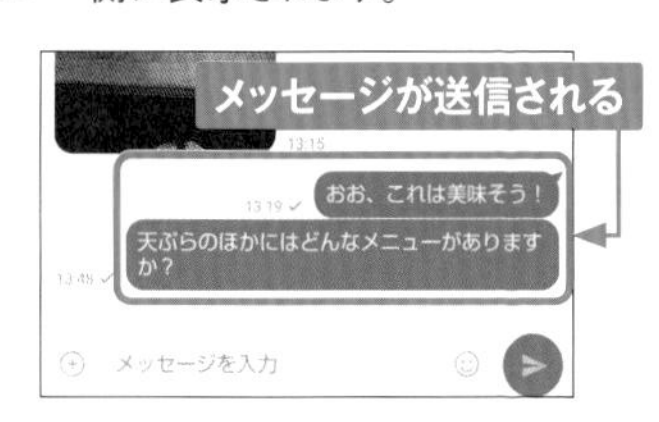

MEMO 写真やスタンプの送信

「+メッセージ」アプリでは、写真やスタンプを送信することもできます。写真を送信したい場合は、手順④の画面で⊕→🖼の順にタッチして、送信したい写真をタッチして選択し、▶をタッチします。スタンプを送信したい場合は、手順④の画面で☺をタッチして、送信したいスタンプをタッチして選択し、▶をタッチします。

相手のメッセージに返信する

1 メッセージが届くと、ステータスバーに受信のお知らせ[icon]が表示されます。ステータスバーを下方向にドラッグします。

2 ステータスパネルに表示されているメッセージの通知をタッチします。

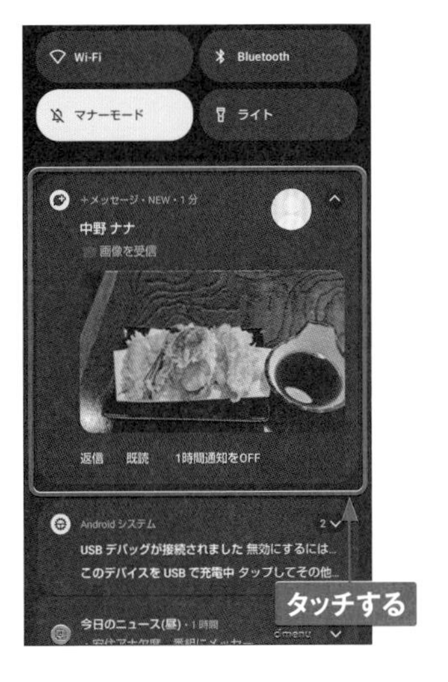

3 受信したメッセージが画面の左側に表示されます。メッセージを入力して、[icon]をタッチすると、相手に返信できます。

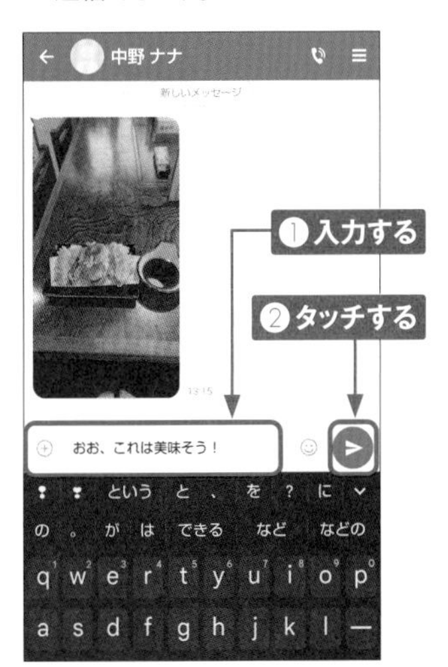

MEMO 「メッセージ」画面からのメッセージ送信

「+メッセージ」アプリで相手とやり取りすると、「メッセージ」画面にやり取りした相手が表示されます。以降は、「メッセージ」画面から相手をタッチすることで、メッセージを送信できます。

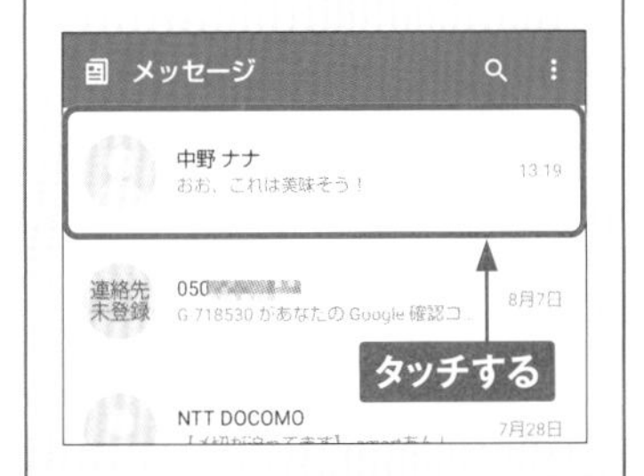

Section 31

Gmailを利用する

SH-52D ／ SH-51DにGoogleアカウントを登録すると（Sec.11参照）、すぐにGmailを利用できます。パソコンでラベルや振分け設定を行うことで、より便利に利用できます（P.93MEMO参照）。

受信したメールを閲覧する

1 ホーム画面のGoogleフォルダを開いて［Gmail］をタッチします。「Gmailの新機能」画面が表示された場合は、［OK］→［GMAILに移動］の順にタッチします。

2 「メイン」画面が表示されます。画面を上方向にスライドして、読みたいメールをタッチします。

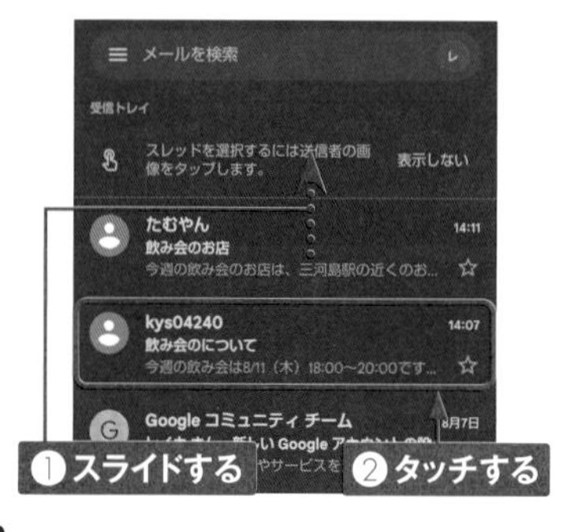

3 メールの差出人やメール受信日時、メール内容が表示されます。画面左上の←をタッチすると、受信トレイに戻ります。なお、↩をタッチすると、メールに返信することができます。

MEMO Googleアカウントの同期

Gmailを使用する前に、Sec.11を参考にSH-52D ／ SH-51Dに自分のGoogleアカウントを登録しておきましょう。P.35手順⑰の画面で「Gmail」をオンにしておくと、Gmailも自動的に同期されます。すでにGmailを使用している場合は、受信トレイの内容がそのままSH-52D ／ SH-51Dでも表示されます。

メールを送信する

1 P.92を参考に「メイン」などの画面を表示して、［作成］をタッチします。

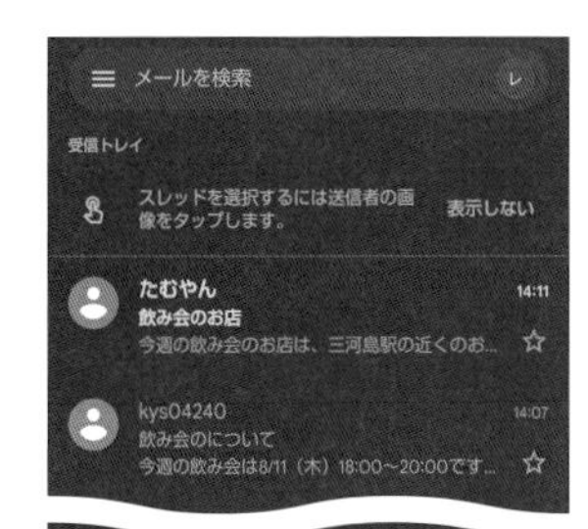

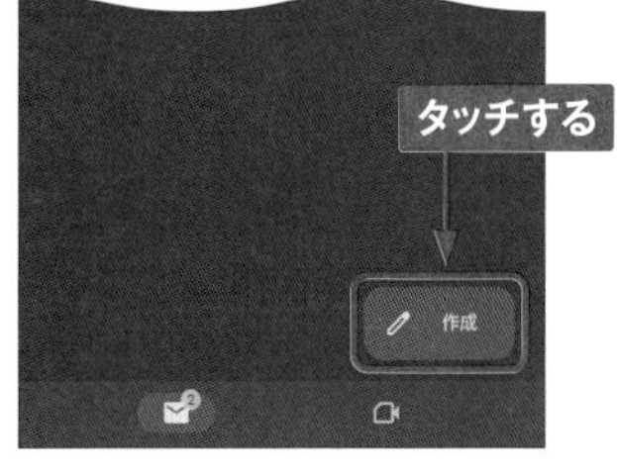

2 メールの「作成」画面が表示されます。［To］をタッチして、メールアドレスを入力します。「ドコモ電話帳」内の連絡先であれば、表示される候補をタッチします。

3 件名とメールの内容を入力し、▷をタッチすると、メールが送信されます。

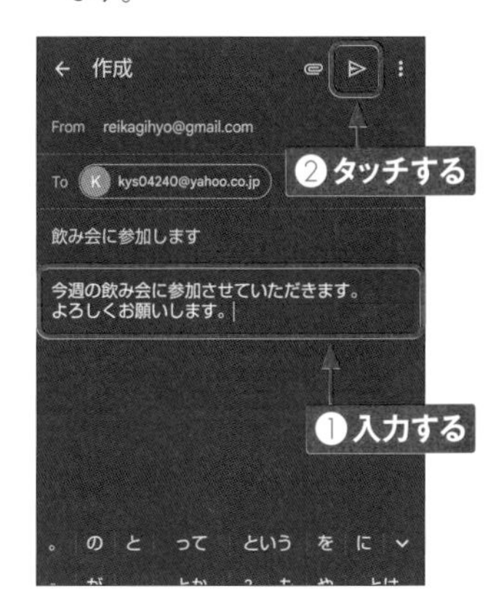

MEMO **メニューの表示**

「Gmail」の画面を左端から右方向にフリックすると、メニューが表示されます。メニューでは、「メイン」以外のカテゴリやラベルを表示したり、送信済みメールを表示したりできます。なお、ラベルの作成や振分け設定は、パソコンのWebブラウザで「https://mail.google.com/」にアクセスして行います。

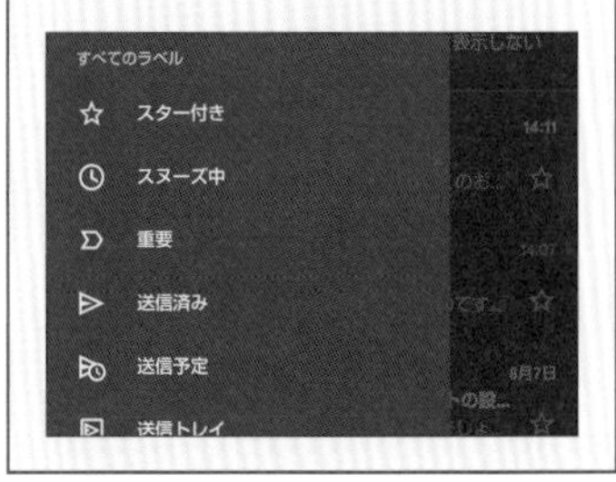

Section 32

Yahoo!メール／PCメールを設定する

「Gmail」アプリはGmailのほか、プロバイダや会社のPCメール、Yahoo!メールなどのWebメールを使うこともできます。ここでは、「Gmail」アプリでYahoo!メールを利用するための設定をします。

Yahoo!メールを設定する

1 ホーム画面のGoogleフォルダを開いて［Gmail］をタッチします。

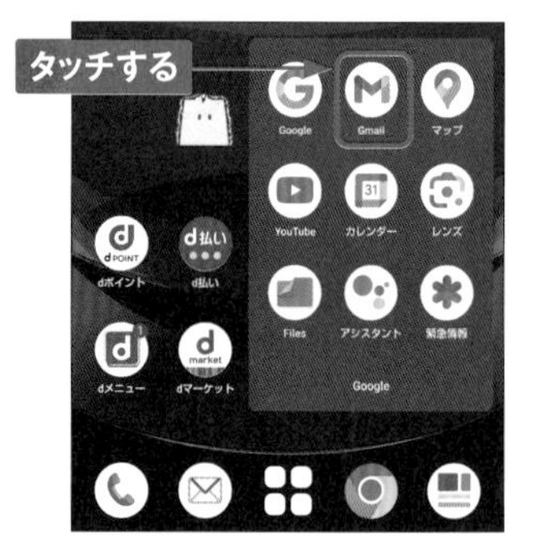

2 「Gmail」アプリの画面右上の頭文字のアイコン、またはプロフィールの写真をタッチします。

3 ［別のアカウントを追加］をタッチします。

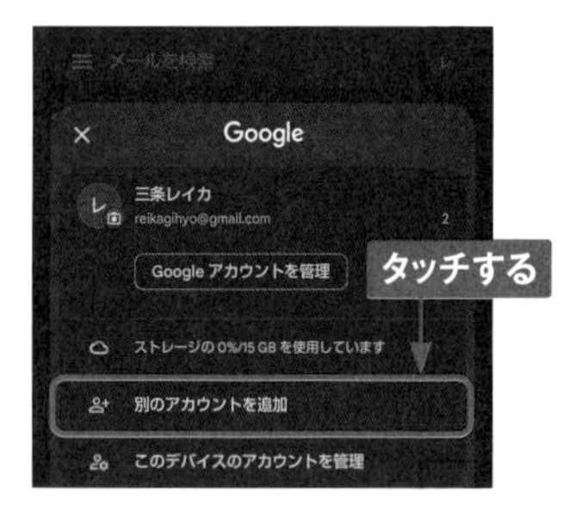

MEMO Yahoo!メールのパスワード

Yahoo!メールのアカウントは、https://mail.yahoo.co.jp/promo/で無料で作成することができます。Webでメールを利用する際には、登録した電話番号にSMSで送られる確認コードで認証を行います。ここで紹介しているように、ほかのメールアプリから利用するときには、パスワードを作成して有効化しておく必要があります。

4 ［Yahoo］をタッチします。

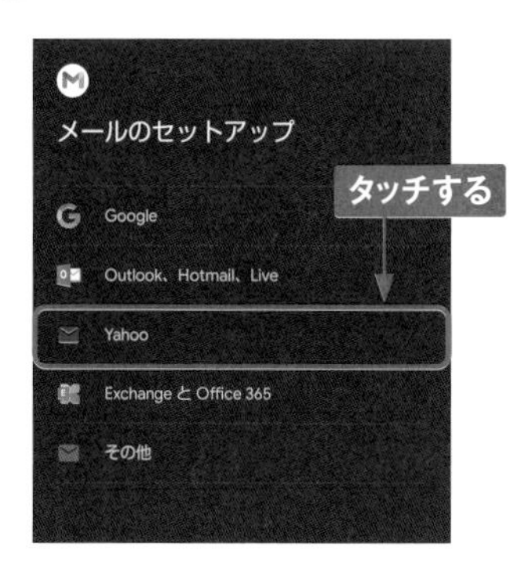

5 取得済みのYahoo!メールのメールアドレスを入力して、［続ける］をタッチします。

6 Yahoo!メールのパスワード（P.94 MEMO参照）を入力して［次へ］をタッチします。

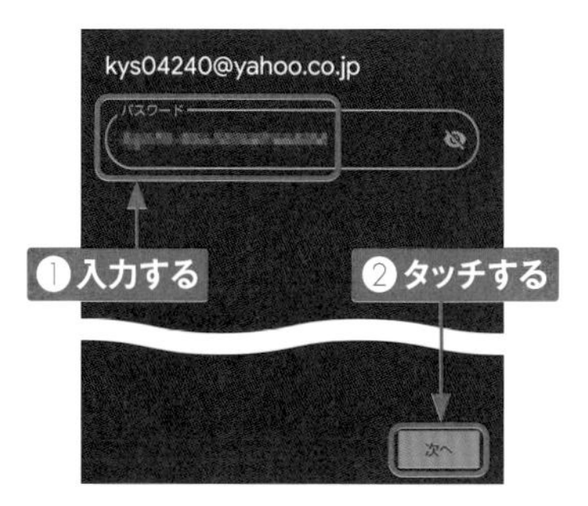

7 アカウントのオプションを確認して、［次へ］をタッチします。

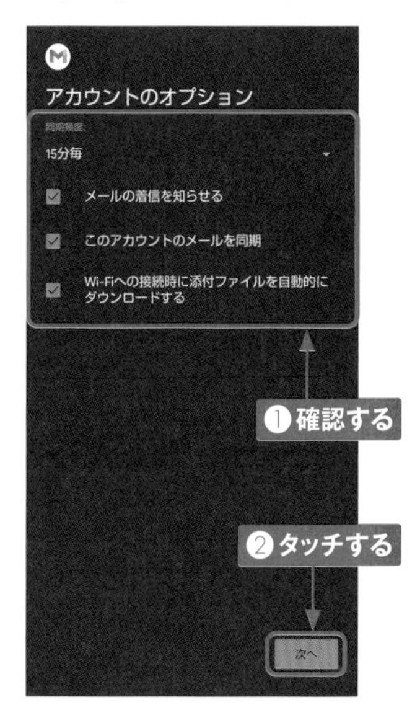

8 メールアドレスと名前を確認して、［次へ］をタッチします。

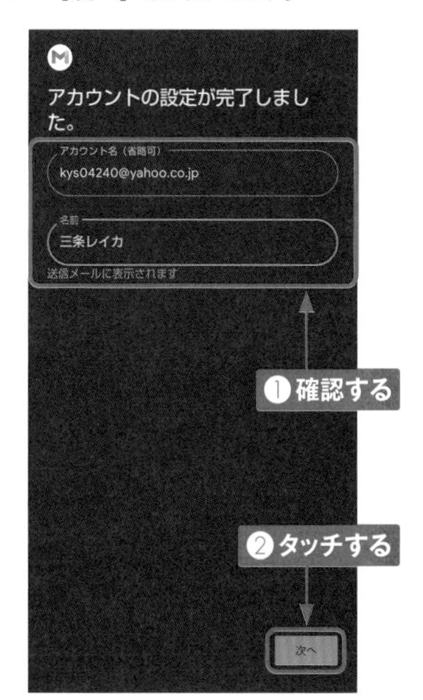

3

9 「受信トレイ」に戻るので、左上の☰をタッチします。

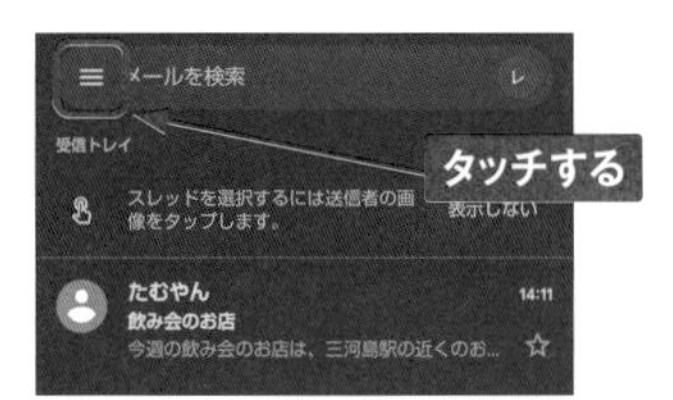

10 ［すべての受信トレイ］をタッチします。

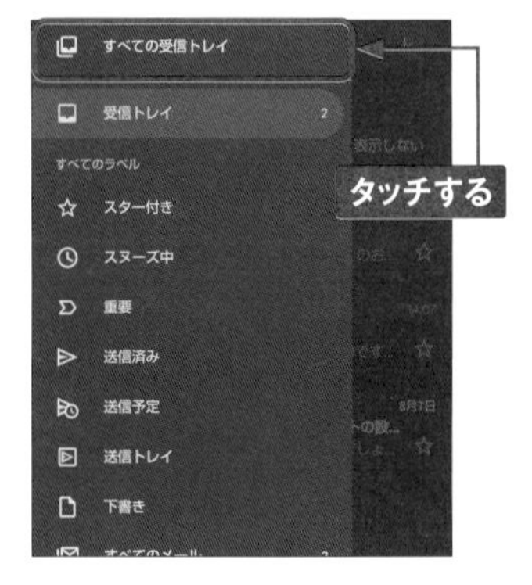

11 Gmailのほかに、受信したYahoo!メールも表示されます。

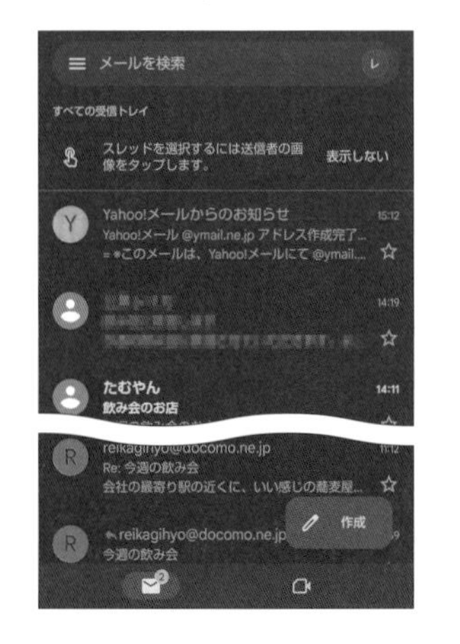

12 手順⑨の画面で、画面右上の頭文字のアイコンまたは写真をタッチし、P.94手順③の画面でYahoo!メールのアドレスをタッチすると、Yahoo!メールの受信トレイだけを表示することができます。

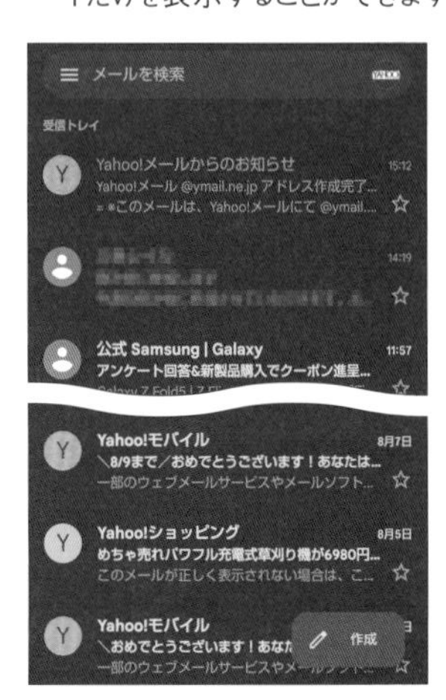

PCメールを設定する

プロバイダなどのPCメールを設定する場合は、P.95手順④の画面で［その他］をタッチして、画面の指示に従って進めます。メールアカウントとパスワードのほかに、利用しているメールサーバーの情報も必要になるので、事前に調べておきましょう。

3

Chapter 4

Googleのサービスを使いこなす

Section 33

Application

Googleのサービスとは

Googleは地図、ニュース、動画などのさまざまなサービスをインターネットで提供しています。専用のアプリを使うことで、Googleの提供するこれらのサービスをかんたんに利用することができます。

Googleのサービスでできること

GmailはGoogleの代表的なサービスですが、そのほかにも地図、ニュース、動画、SNS、翻訳など、さまざまなサービスを無料で提供しています。また、連絡先やスケジュール、写真などの個人データをGoogleのサーバーに保存することで、パソコンやタブレット、ほかのスマートフォンとデータを共有することができます。

4

Googleのサービスと対応アプリ

Googleのほとんどのサービスは、Googleが提供している標準のアプリを使って利用できます。最初からインストールされているアプリ以外は、Google Playからダウンロードします（Sec.35 ～ 36参照）。また、Google製以外の対応アプリを利用することもできます。

サービス名	対応アプリ	サービス内容
Google Play	Playストア	各種コンテンツ（アプリ、書籍、映画、音楽）のダウンロード
Googleニュース	Googleニュース	ニュースや雑誌の購読
YouTube	YouTube	動画サービス
YouTube Music	YouTube Music（YT Music）	音楽の再生、オンライン上のプレイリストの再生など
Gmail	Gmail	Googleアカウントをアドレスにしたメールサービス
Googleマップ	マップ	地図・経路・位置情報サービス
Googleカレンダー	Googleカレンダー	スケジュール管理
Google ToDoリスト	ToDoリスト	タスク（ToDo）管理
Google翻訳	Google翻訳	多言語翻訳サービス（音声入力対応）
Googleフォト	Googleフォト	写真・動画のバックアップ
Googleドライブ	Googleドライブ	文書作成・管理・共有サービス
Googleアシスタント	Google	話しかけるだけで、情報を調べたり端末を操作したりできるサービス
Google Keep	Google Keep	メモ作成サービス

Googleのサービスとドコモのサービスのどちらを使う?

「ドコモ電話帳」アプリと「スケジュール」アプリのデータの保存先は、Googleとドコモで同様のサービスを提供しているため、どちらか1つを選ぶ必要があります。ふだんからGoogleのサービスを利用していて、それらのデータを連携させたい人はGoogleを、Googleのサービスはあまり利用していないという人はドコモを選ぶとよいでしょう。
Googleのサービスを利用する場合は、連絡先の保存先（P.54手順②参照）でGoogleアカウントを選び、スケジュール管理には「Googleカレンダー」アプリを使いましょう。一方、ドコモを利用する場合は、連絡先の保存先に「docomo」を選び、スケジュール管理に「スケジュール」アプリを使います。

Section 34

Googleアシスタントを利用する

SH-52D ／ SH-51Dでは、Googleの音声アシスタントサービス「Googleアシスタント」を利用できます。ホームキーをロングタッチするだけで起動でき、音声でさまざまな操作をすることができます。

Googleアシスタントの利用を開始する

1 ●をロングタッチします。

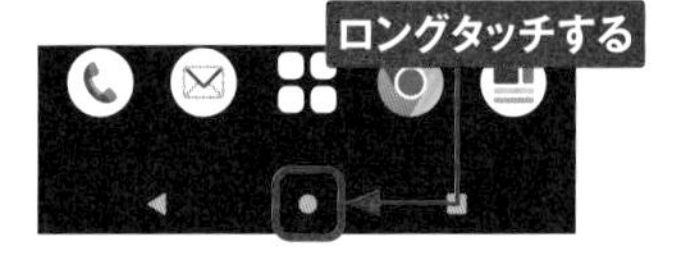

2 Googleアシスタントの開始画面が表示されます。

3 Googleアシスタントが利用できるようになります。

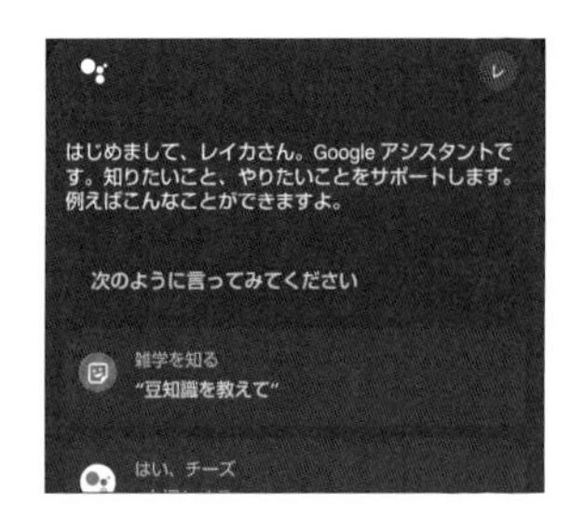

MEMO 音声でアシスタントを起動する

音声を登録すると、SH-52D ／ SH-51Dの起動中に「OK Google（オーケーグーグル）」と発声して、すぐにGoogleアシスタントを使うことができます。設定メニューで、[Google] → [Googleアプリの設定] → [検索、アシスタントと音声] → [Googleアシスタント] → [OK GoogleとVoice Match] → [使ってみる] の順にタッチして、画面に従って音声を登録します。

Googleアシスタントへの問いかけ例

Googleアシスタントを利用すると、語句の検索だけでなく予定やリマインダーの設定、電話やメールの発信など、SH-52D ／ SH-51Dに話しかけることでさまざまな操作ができます。まずは、「何ができる?」と聞いてみましょう。

タッチして話しかける

●調べ物

「1ヤードは何メートル?」
「ChatGPT ってなに?」
「明日の天気は?」

●スポーツ

「次のサッカーの試合は?」
「セ・リーグの順位表は?」
「FIFAランキングを教えて」

●経路案内

「日本武道館への行き方は?」
「新三河島駅へ行きたい」
「ステーキが食べたい」

●楽しいこと

「モモイロインコの鳴き声は?」
「今日の運勢は?」
「おすすめのマンガはある?」

Googleアシスタントから利用できないアプリ

たとえば、Googleアシスタントで「○○さんにメールして」と話しかけると、「Gmail」アプリ（Sec.31参照）が起動し、ドコモの「ドコモメール」アプリ（Sec.27参照）は利用できません。このように、GoogleアシスタントではGoogleのアプリが優先されるため、一部のアプリはGoogleアシスタントからは利用できません。

Section 35

Google Playで アプリを検索する

Google Playで公開されているアプリをSH-52D ／ SH-51Dにインストールすることで、さまざまな機能を利用できるようになります。まずは、目的のアプリを探す方法を解説します。

アプリを検索する

1 ホーム画面で［Playストア］をタッチします。

2 「Playストア」アプリが起動するので、［アプリ］をタッチし、［カテゴリ］をタッチします。

3 アプリのカテゴリが表示されます。画面を上下にスライドします。

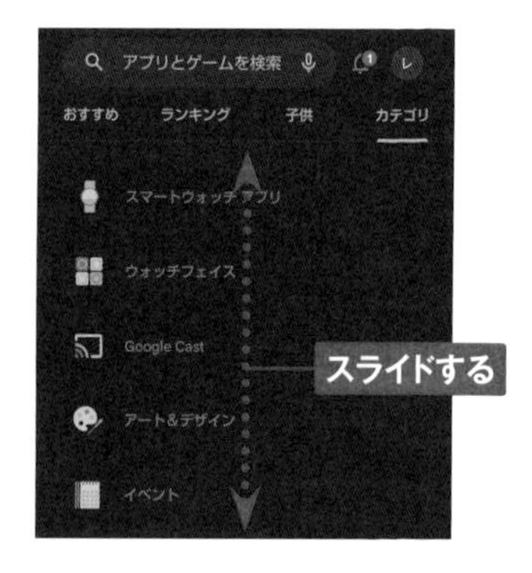

4 アプリを探したいジャンル（ここでは［ツール］）をタッチします。

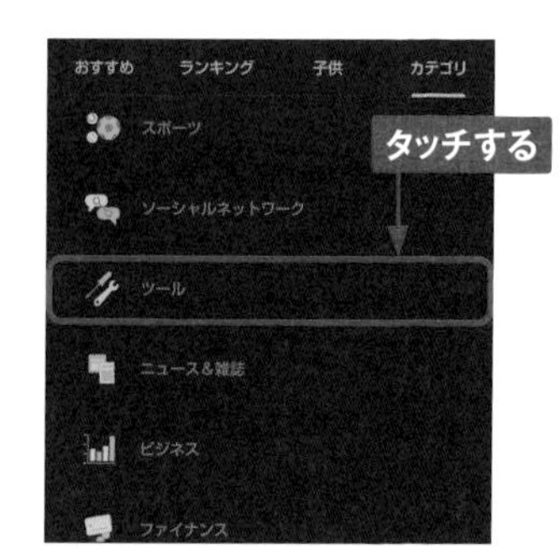

5 「ツール」に属するアプリが表示されます。上方向にスライドし、「人気のツールアプリ（無料）」の→をタッチします。

6 「無料」のアプリが一覧で表示されます。詳細を確認したいアプリをタッチします。

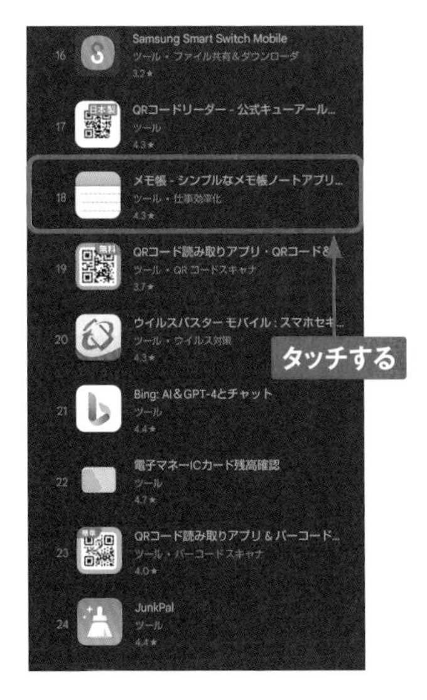

7 アプリの詳細な情報が表示されます。人気のアプリでは、ユーザーレビューも読めます。

MEMO **キーワードでの検索**

Google Playでは、キーワードからアプリを検索できます。検索機能を利用するには、手順②の画面で画面上部の検索ボックスをタッチしてキーワードを入力し、キーボードの🔍をタッチします。

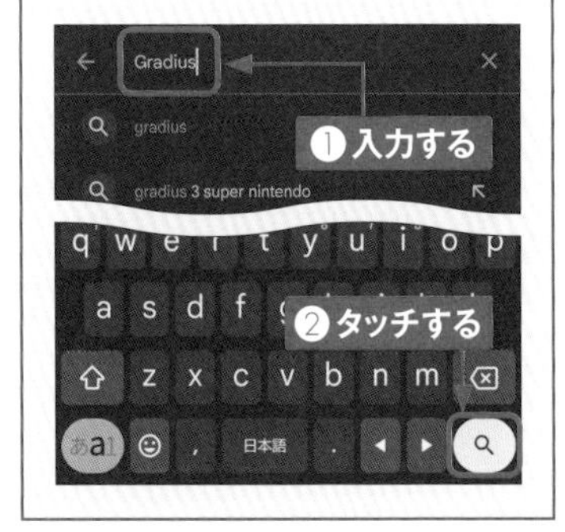

4

Section 36

アプリをインストール・アンインストールする

Google Playで目的の無料アプリを見つけたら、インストールしてみましょう。なお、不要になったアプリは、Google Playからアンインストール（削除）できます。

アプリをインストールする

1 Google Playでアプリの詳細画面を表示し（P.103手順⑥～⑦参照）、［インストール］をタッチします。

2 アプリのダウンロードとインストールが開始されます。

3 アプリのインストールが完了します。アプリを起動するには、［開く］をタッチするか、ホーム画面に追加されたアイコンをタッチします。

MEMO ホーム画面にアイコンを追加しない設定

ホーム画面にアイコンを追加したくない場合は、ホーム画面の何もないところをロングタッチし、［ホーム設定］→［ホーム画面にアプリのアイコンを追加］の順にタッチして、●を●にします。

4

アプリをアップデートする／アンインストールする

●アプリをアップデートする

1 「Google Play」のトップ画面で右上のアカウントアイコンをタッチし、表示される画面の［アプリとデバイスの管理］をタッチします。

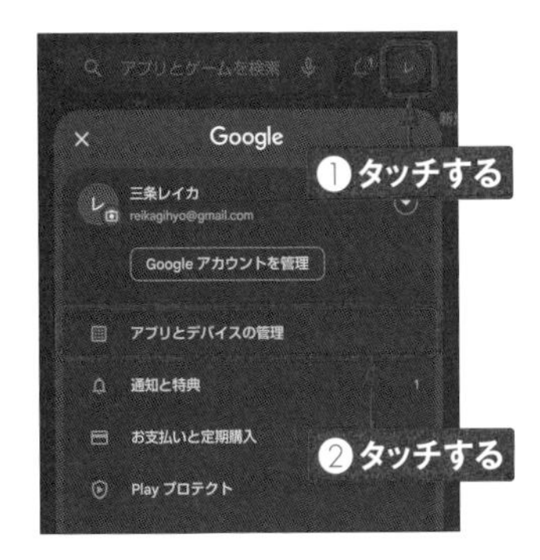

2 アップデート可能なアプリがある場合、「アップデート利用可能」と表示されます。［すべて更新］をタッチすると、アプリが一括で更新されます。

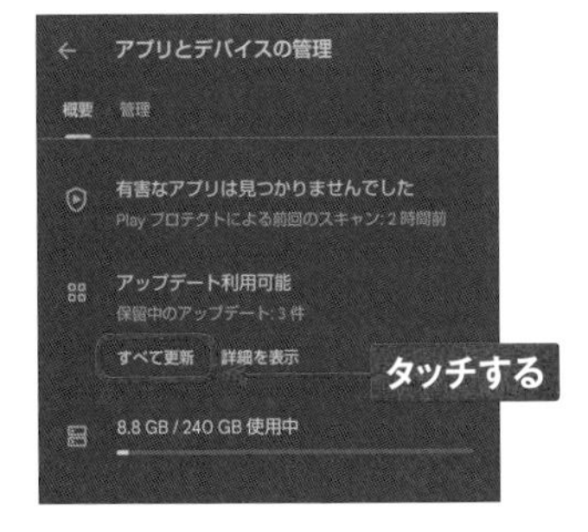

●アプリをアンインストールする

1 左側の手順②の画面で［管理］をタッチし、アンインストールしたいアプリをタッチします。

2 アプリの詳細が表示されます。［アンインストール］をタッチし、確認画面で［アンインストール］をタッチすると、アプリがアンインストールされます。

ドコモのアプリのアップデートとアンインストール

ドコモで提供されているアプリは、上記の方法ではアップデートやアンインストールが行えないことがあります。詳しくは、P.147を参照してください。

Section 37

有料アプリを購入する

Application

有料アプリを購入する場合、「NTTドコモの決済を利用」「クレジットカード」「Google Playギフトカード」などの支払い方法が選べます。ここでは、クレジットカードを登録する方法を解説します。

クレジットカードで有料アプリを購入する

1 Google Playで有料アプリを選択し、アプリの価格が表示されたボタンをタッチします。

2 ［カードを追加］をタッチします。

3 登録画面で「カード番号」と「有効期限」、「CVCコード」を入力します。

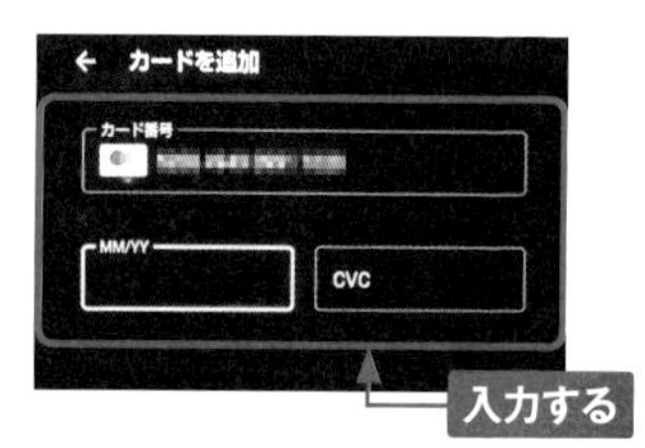

MEMO Google Play ギフトカード

コンビニなどで販売されている「Google Playギフトカード」を利用すると、プリペイド方式でアプリを購入できます。クレジットカードを登録したくないときに使うと便利です。Google Playギフトカードを利用するには、P.105左の手順②の画面で［お支払いと定期購入］→［お支払い方法］→［コードの利用］の順にタッチし、カードに記載されているコードを入力して、［コードを利用］をタッチします。

4 ［クレジットカード所有者の名前］、［国名］、［郵便番号］を入力し、［保存］をタッチします。

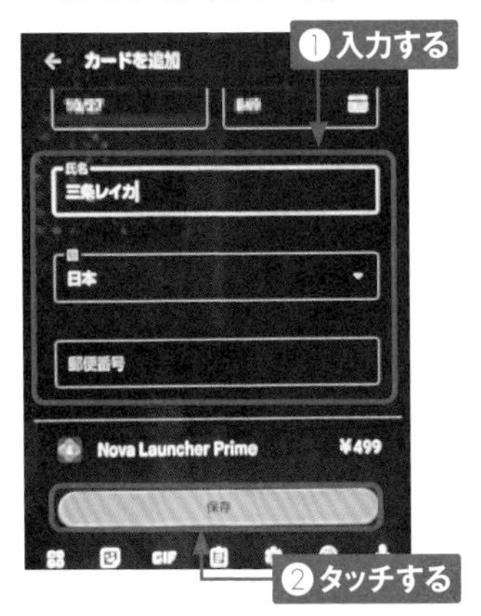

5 ［1クリックで購入］をタッチします。

6 Googleアカウントのパスワードを要求された場合は、入力して［確認］をタッチします。Google Play Passの案内が表示されたら、［スキップ］または［確認する］をタッチします。

7 アプリのダウンロードとインストールが開始します。

MEMO

購入したアプリを払い戻す

有料アプリは、購入してから2時間以内であれば、Google Playから返品して全額払い戻しを受けることができます。P.105右側の手順①〜②を参考に、購入したアプリの詳細画面を表示し、［払い戻し］をタッチして、次の画面で［払い戻しをリクエスト］をタッチします。なお、払い戻しできるのは、1つのアプリにつき1回だけです。

Section 38

Googleマップを使いこなす

Googleマップを利用すれば、自分の今いる場所や、現在地から目的地までの道順を地図上に表示できます。なお、Googleマップのバージョンによっては、本書と表示内容が異なる場合があります。

「マップ」アプリを利用する準備をする

1 設定メニューを起動して、[位置情報]をタッチします。[位置情報を使用]が の場合はタッチして、 に切り替えます。

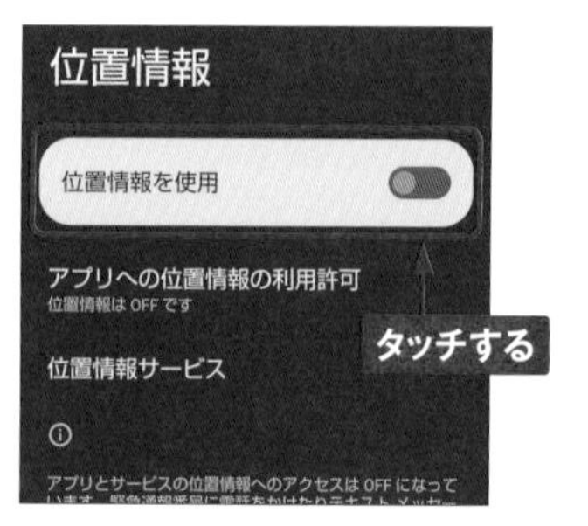

2 [位置情報サービス]をタッチし、「位置情報サービス」画面で[Googleロケーション履歴]をタッチします。

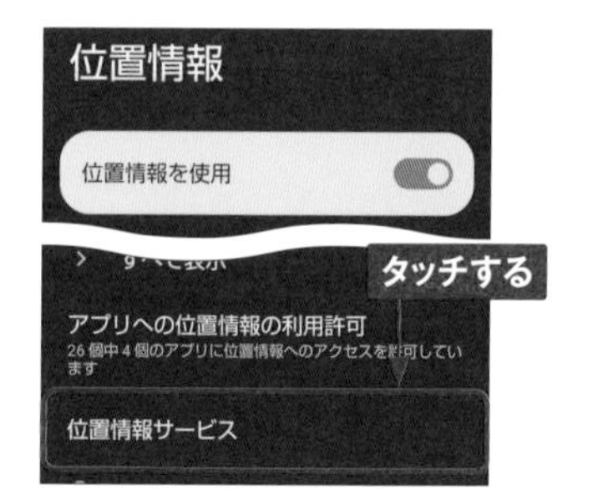

3 「アクティビティ管理」画面で「ロケーション履歴」の[オンにする]をタッチします。

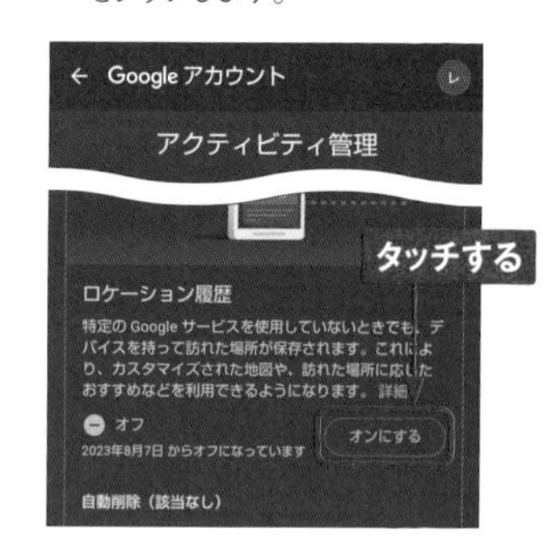

4 画面を上方向にスライドし、[オンにする]をタッチします。「設定がオンになりました」と表示されたら[OK]をタッチします。

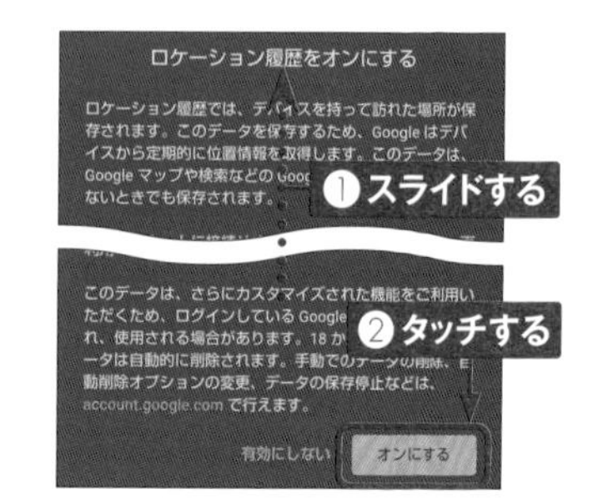

現在地を表示する

1 ホーム画面で［Google］をタッチし、Googleフォルダ内の［マップ］をタッチします。

2 「マップ」アプリが起動します。◎をタッチし、初回に確認画面が表示されたら［アプリの使用時のみ］→［有効にする］の順にタッチします。

3 現在地が表示されます。地図の拡大はピンチアウト、縮小はピンチインで行います。スライドすると表示位置を移動できます。

MEMO 位置情報の精度を変更

P.108手順②の画面で［位置情報サービス］→［Google位置情報の精度］の順でタッチし、［位置情報の精度を改善］の◯を◯に切り替えると、収集された位置情報を活用することで位置情報の精度を改善できます。

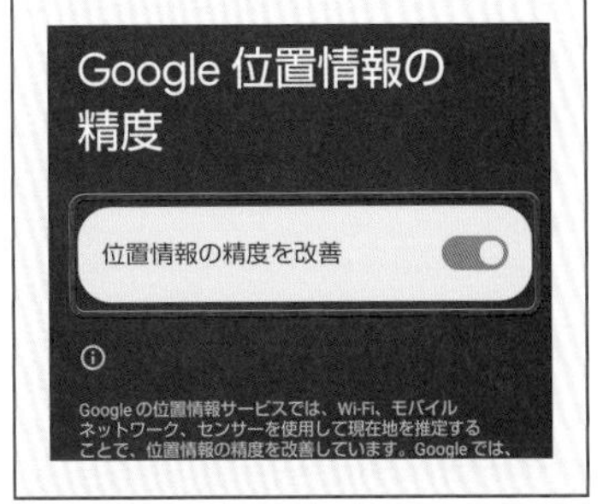

4

現在地から目的地までのルートを検索する

1 P.109手順③の画面で◈をタッチし、移動手段（ここでは🚆）をタッチして、［目的地を入力］をタッチします。出発地を現在地から変えたい場合は、［現在地］をタッチして変更します。

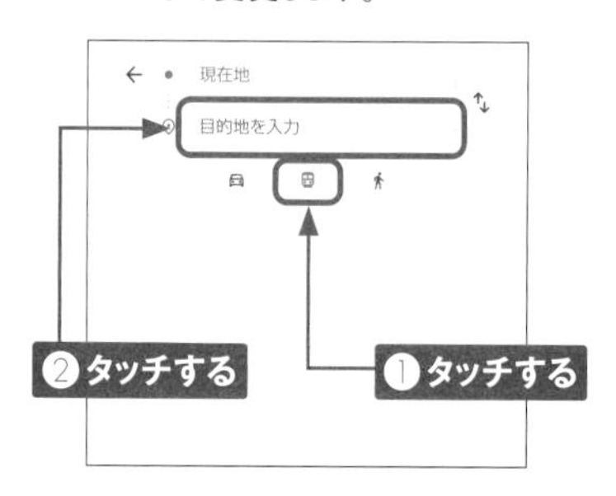

2 目的地を入力し、検索結果の候補から目的の場所をタッチします。

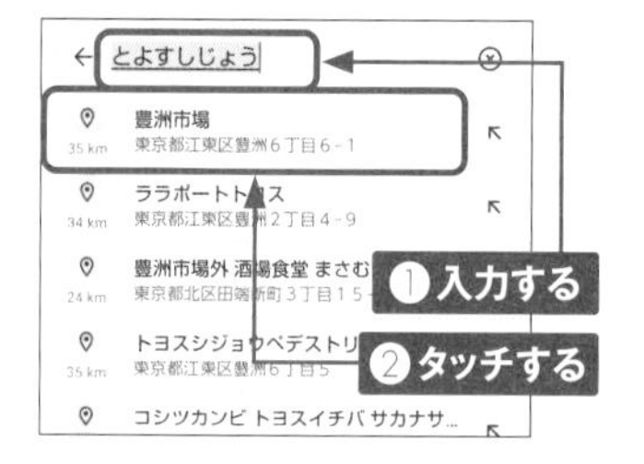

3 ルートが一覧表示されます。利用したい経路をタッチします。

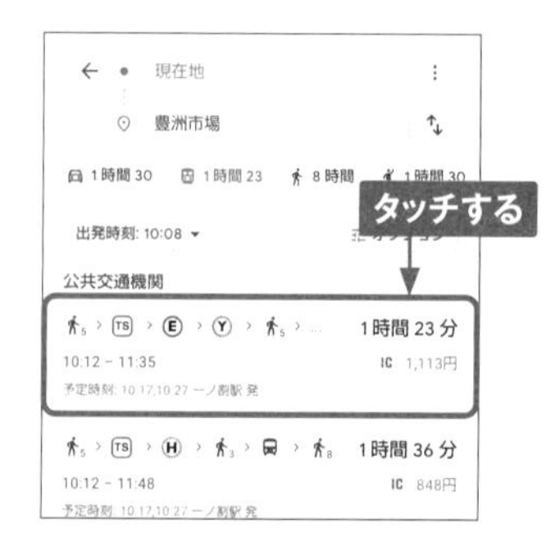

4 目的地までのルートが地図で表示されます。画面下部を上方向へフリックします。

5 ルートの詳細が表示されます。下方向へフリックすると、手順④の画面に戻ります。◀を何度かタッチすると、地図に戻ります。

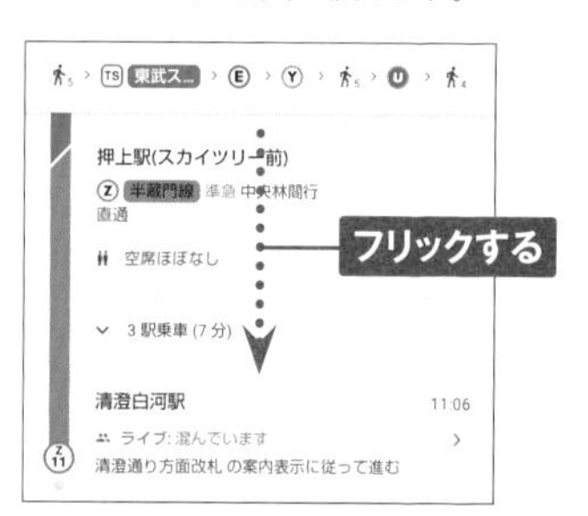

MEMO ナビの利用

「マップ」アプリには、「ナビ」機能が搭載されています。手順④の画面に表示される［ナビ開始］をタッチすると、ナビが起動します。現在地から目的地までのルートを音声ガイダンス付きで案内してくれます。

周辺の施設を検索する

1 施設を検索したい場所を表示し、検索ボックスをタッチします。

2 探したい施設を入力し、🔍をタッチします。

3 該当するスポットが一覧で表示されます。上下にスライドして、気になるスポット名をタッチします。

4 選択した施設の情報が表示されます。上下にスライドすると、より詳細な情報を表示できます。

4

Section 39

紛失したSH-52D／SH-51Dを探す

SH-52D／SH-51Dを紛失した場合、パソコンからSH-52D／SH-51Dがある場所を確認できます。この機能を利用するには、事前に位置情報を有効にしておく必要があります（P.108参照）。

「デバイスを探す」を設定する

1 ホーム画面でアプリ一覧ボタンをタッチし、［設定］をタッチします。

2 設定メニューで［セキュリティとプライバシー］をタッチします。

3 「セキュリティとプライバシー」画面で［デバイスを探す］をタッチします。

4 [「デバイスを探す」を使用］がの場合は、タッチしてにします。

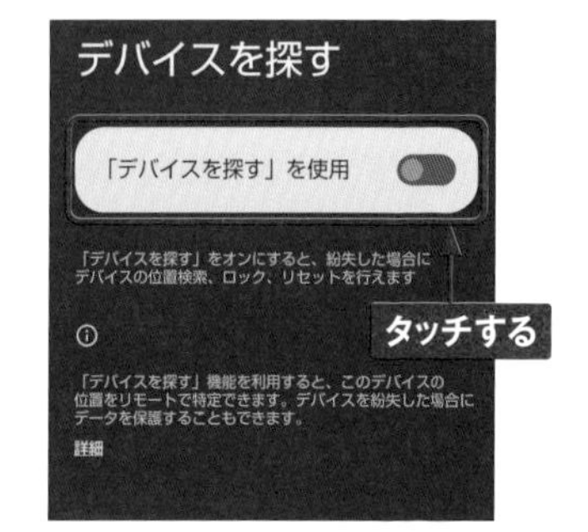

パソコンでSH-52D ／ SH-51Dを探す

1 パソコンのWebブラウザでGoogleの「Googleデバイスを探す」(https://android.com/find)にアクセスします。

2 ログイン画面が表示されたら、Sec.11で設定したGoogleアカウントを入力し、［次へ］をクリックします。Googleアカウントのパスワードの入力を求められたらパスワードを入力し、［次へ］をクリックします。

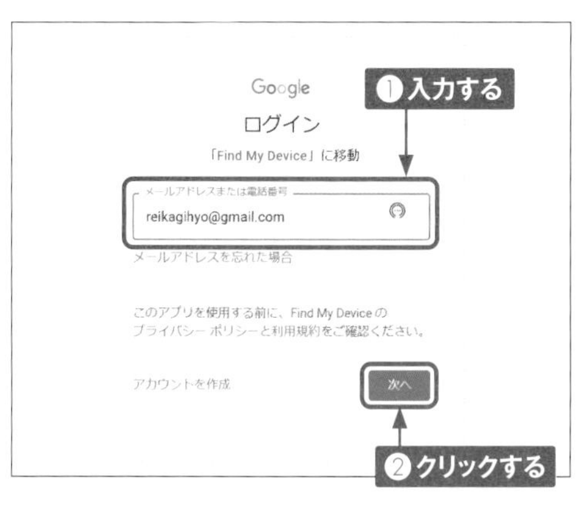

3 「デバイスを探す」画面で［同意する］クリックすると、地図が表示され、現在SH-52D ／SH-51Dがあるおおよその位置を確認できます。画面左上の項目をクリックすると、現地にあるSH-52D ／ SH-51Dで音を鳴らしたり、ロックをかけたり、端末内のデータを初期化したりできます。

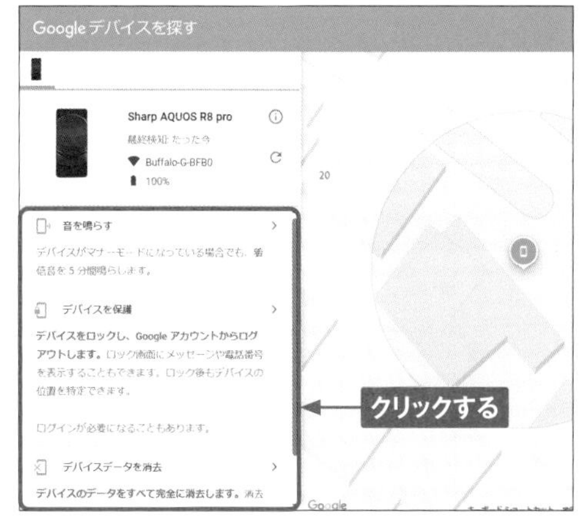

Section 40

YouTubeで世界中の動画を楽しむ

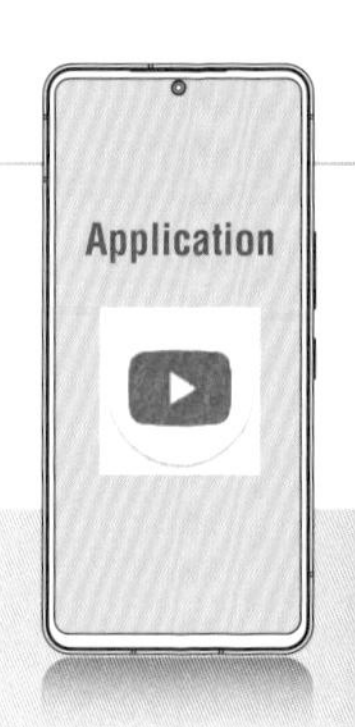

世界最大の動画共有サイトであるYouTubeの動画は、SH-52D／SH-51Dでも視聴することができます。高画質の動画を再生可能で、一時停止や再生位置の変更も行えます。

YouTubeの動画を検索して視聴する

1 ホーム画面でGoogleフォルダをタッチして開き、[YouTube]をタッチします。確認画面で［許可］をタッチします。

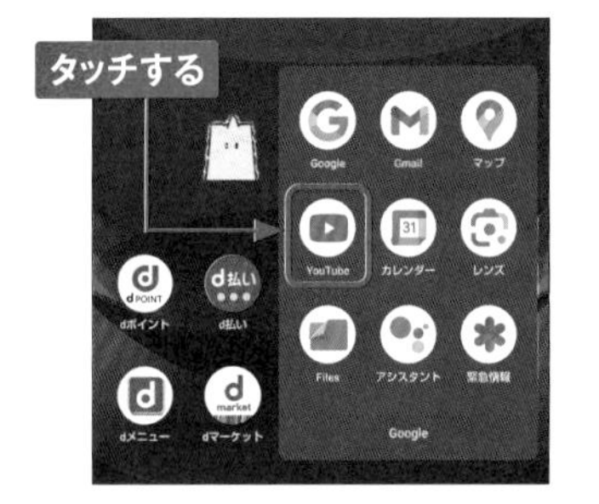

2 YouTube Premiumに関する画面が表示された場合は、［スキップ］をタッチします。YouTubeのトップページが表示されるので、🔍をタッチします。

3 検索したいキーワード（ここでは「アズマヒキガエル」）を入力して、🔍をタッチします。

4 検索結果の中から、視聴したい動画のサムネイルをタッチします。

5 動画が再生されます。ステータスパネル（P.17参照）の［自動回転］をタッチしてオンにすると、本体が横向きの場合に全画面表示になります。画面をタッチします。

6 メニューが表示されます。⏸をタッチすると一時停止します。⌄をタッチします。

7 再生画面がウィンドウ化され、動画を再生しながら視聴したい動画の選択操作ができます。動画再生を終了するには×をタッチするか、◀を何度かタッチしてYouTubeを終了します。

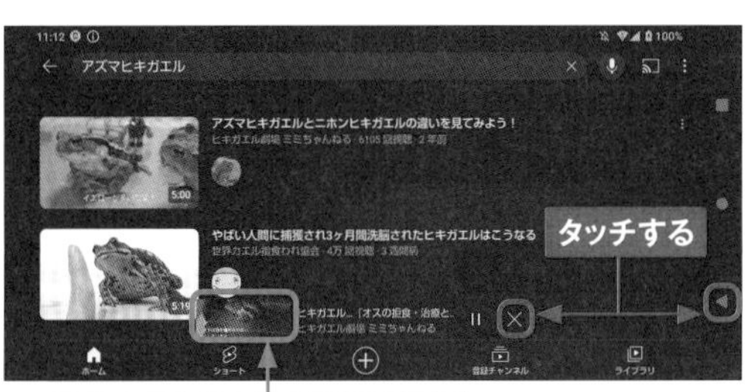

 YouTubeの操作

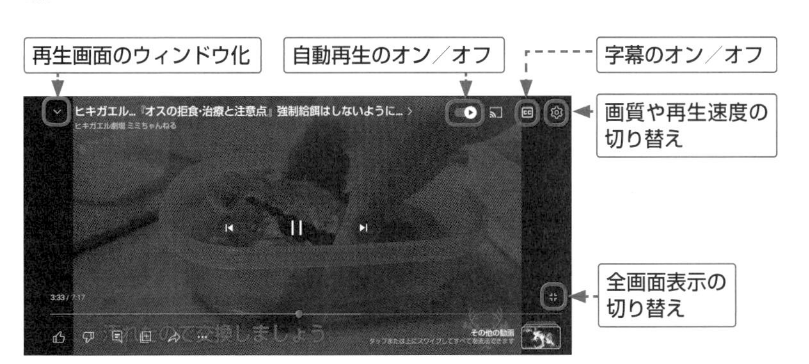

そのほかのGoogleサービスアプリ

本章で紹介した以外にも、さまざまなGoogleサービスのアプリがあります。あらかじめSH-52D ／ SH-51Dにインストールされているアプリのほか、Google Playで無料で公開されているアプリも多いので、ぜひ試してみてください。

Google翻訳

100種類以上の言語に対応した翻訳アプリ。音声入力やカメラで撮影した写真の翻訳も可能。

Google Keep

文字や写真、音声によるメモを作成するアプリ。Webブラウザでの編集も可能。

Googleドライブ

無料で15GBの容量が利用できるオンラインストレージアプリ。ファイルの保存・共有・編集ができる。

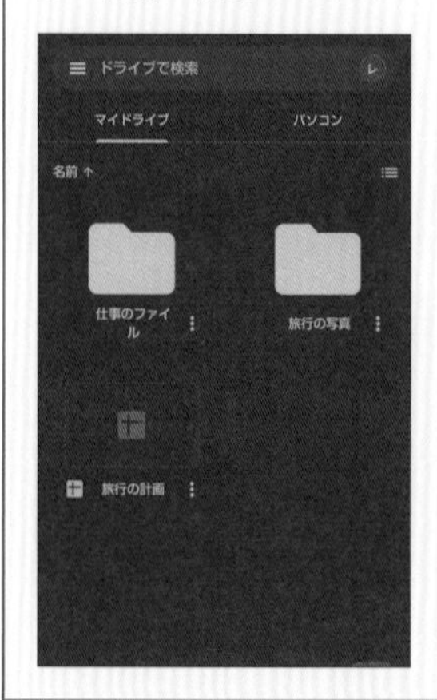

Googleカレンダー

Web上のGoogleカレンダーと同期し、同じ内容を閲覧・編集できるカレンダーアプリ。

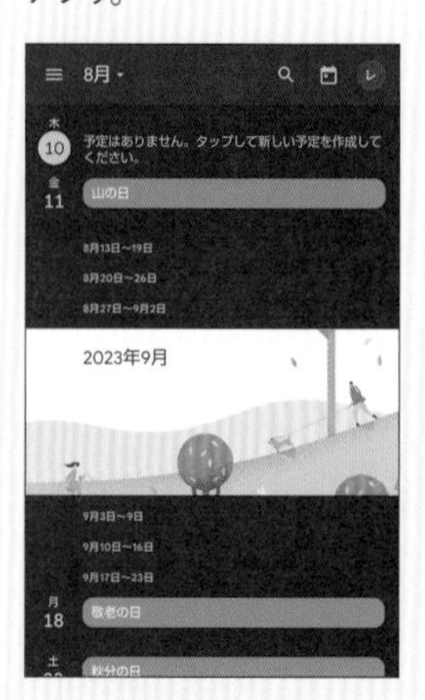

4

Chapter 5

音楽や写真、動画を楽しむ

Section 41

パソコンからファイルを取り込む

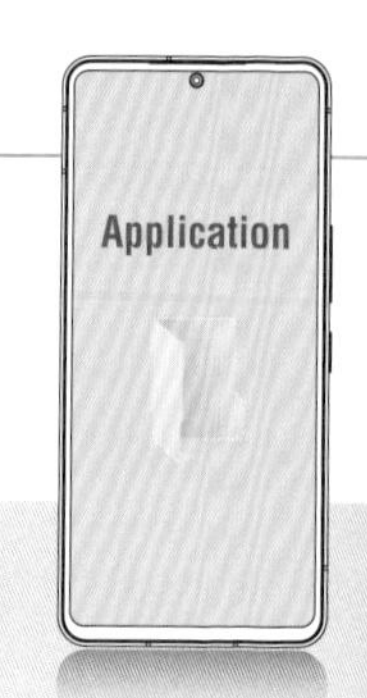

SH-52D ／ SH-51DはUSB Type-Cケーブルでパソコンと接続して、本体メモリーやmicroSDカードにパソコンの各種データを転送できます。お気に入りの音楽や写真、動画を取り込みましょう。

5

パソコンと接続してデータを転送する

① パソコンとSH-52D ／ SH-51DをUSB Type-Cケーブルで接続して、許可画面が表示されたら、[許可]をタッチします。パソコンでエクスプローラーを開き、[PC] の下にある[SH-52D] または [SH-51D] をクリックします。

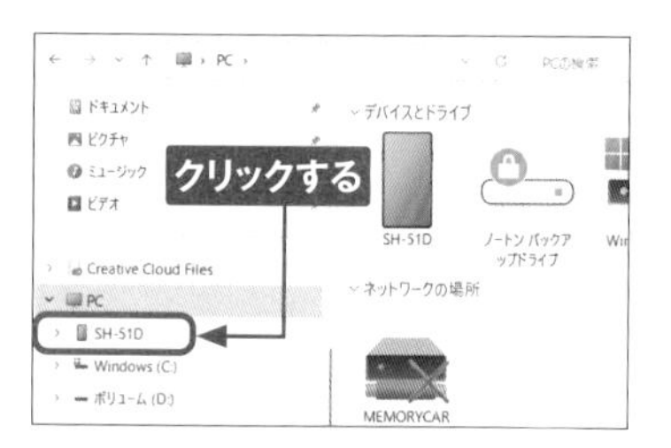

② microSDカードを挿入している場合は、[SDカード] と [内部共有ストレージ] が表示されます。ここでは、本体にデータを転送するので、[内部共有ストレージ] をダブルクリックします。

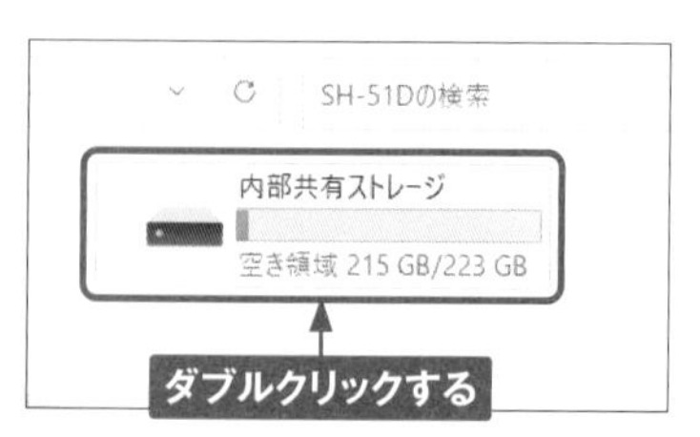

③ 本体に保存されているファイルが表示されます。ここでは、フォルダを作ってデータを転送します。[新規作成] → [フォルダー] の順でをクリックします。この操作はWindowsのバージョンによって異なります。

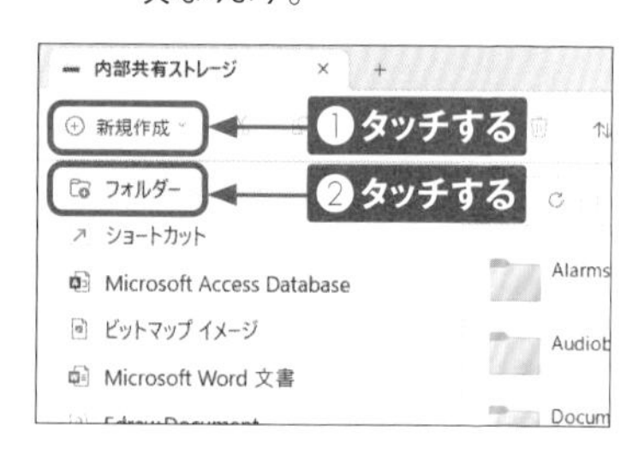

④ フォルダが作成されるので、フォルダ名を入力します。

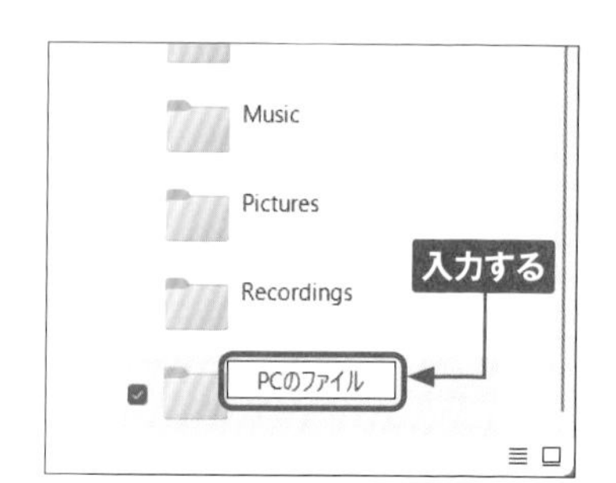

5 フォルダ名を入力したら、フォルダをダブルクリックして開きます。

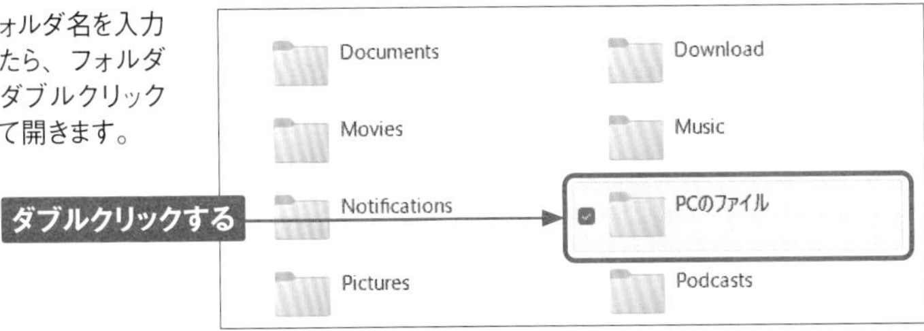

6 転送したいデータが入っているパソコンのフォルダを開き、ドラッグ&ドロップでファイルやフォルダを転送します。

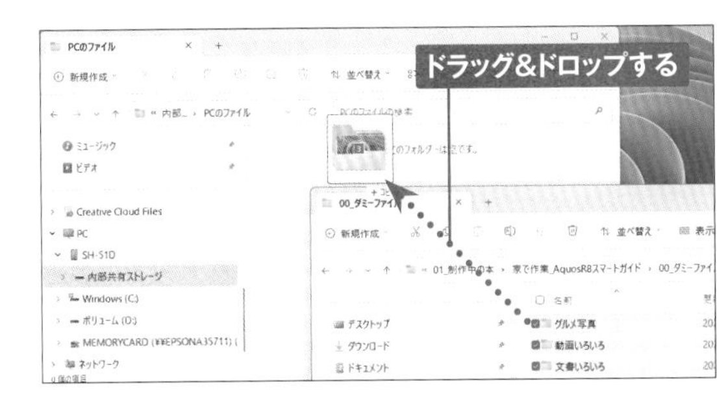

7 作成したフォルダにファイルが転送されました。

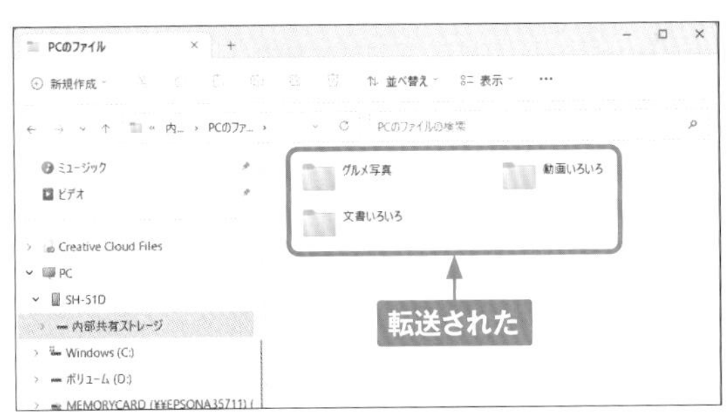

8 SH-52D ／ SH-51Dのアプリ（ここでは「Files」アプリ）を起動すると、転送したファイルが読み込まれて表示されます。ここでは写真、動画、文書のファイルをコピーしましたが、音楽のファイルも同じ方法で転送できます。

Section 42

本体内の音楽を聴く

SH-52D ／ SH-51Dでは、音楽の再生や音楽情報の閲覧などができる「YT Music」アプリを利用できます。ここでは、本体に取り込んだ曲のファイルを再生する方法を紹介します。

5

本体内の音楽ファイルを再生する

① アプリ一覧画面を開き、[YT Music] をタッチします。

② Googleアカウント(Sec.11参照)にログインしていない場合はこの画面が表示されます。[ログイン] → [アカウントを追加] をタッチしてログインします。ログインしている場合は③に進みます。

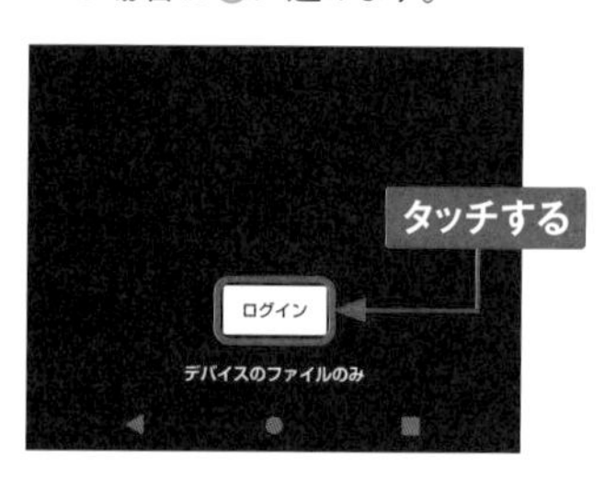

③ 初回起動時には、有料プランの案内が表示されます。ここでは、右上の×をタッチします。「好きなアーティストを5組選択してください」画面が表示された場合は、[完了] をタッチします。

④ YouTube Musicのホーム画面が表示されます。

5 YouTube Musicのホーム画面の下部にある［ライブラリ］をタッチします。

6 再度［ライブラリ］をタッチします。表示されたメニューの［デバイスのファイル］をタッチします。権限の許可画面が表示されたら［許可］をタッチします。

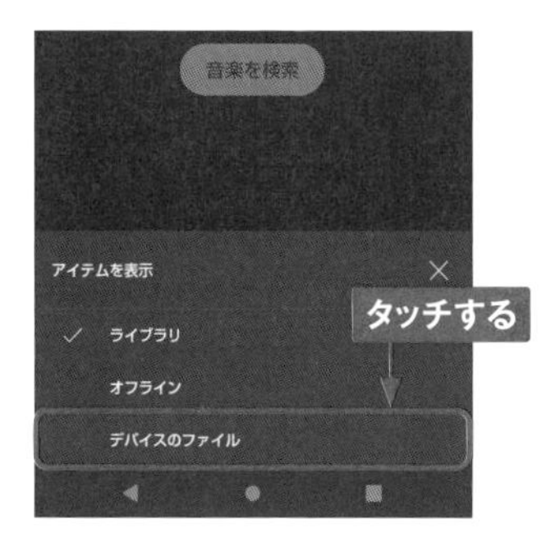

7 本体内に保存された曲のリストが表示されるので、聴きたい曲をタッチします。

8 曲が再生されます。画面を下方向にスライドします。

9 再生画面がウィンドウ化され、曲の選択操作ができます。

Section 43

写真や動画を撮影する

SH-52D ／ SH-51Dには高性能なカメラが搭載されています。さまざまなシーンで自動で最適の写真や動画が撮れるほか、モードや設定を変更することで、自分好みの撮影ができます。

5

写真を撮影する

1 ホーム画面で[カメラ]をタッチします。はじめてカメラを起動したときは、カメラの機能の説明や写真の保存先の確認画面が表示される場合があります。

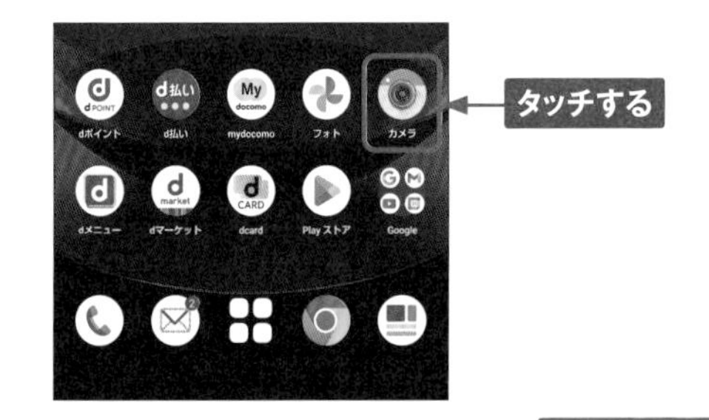

2 写真を撮るときは、カメラが起動したらピントを合わせたい場所をタッチして、◯をタッチすると写真を撮影できます。また、ロングタッチすると、連続撮影ができます。

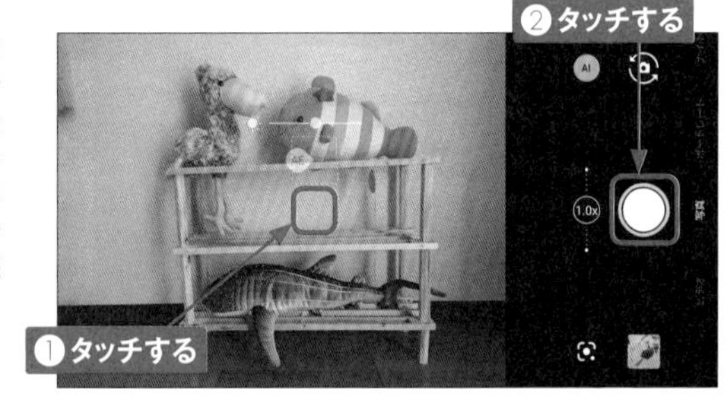

3 撮影後、直前に撮影した写真のサムネイルが表示されます。サムネイルをタッチすると、撮影した写真が表示されます。◎をタッチすると、インカメラとアウトカメラを切り替えることができます。

動画を撮影する

1. 動画を撮影するには、画面右端を上方向（横向き時。縦向き時は右方向）にスワイプして「ビデオ」に合わせるか、[ビデオ] をタッチします。

2. 動画撮影モードになります。◉をタッチします。

3. 動画の撮影が始まり、撮影時間が表示されます。撮影を終了するには、◘をタッチします。

4. 「フォト」アプリ（P.132参照）のアルバムで動画を選択すると、動画が再生されます。

撮影画面の見かた

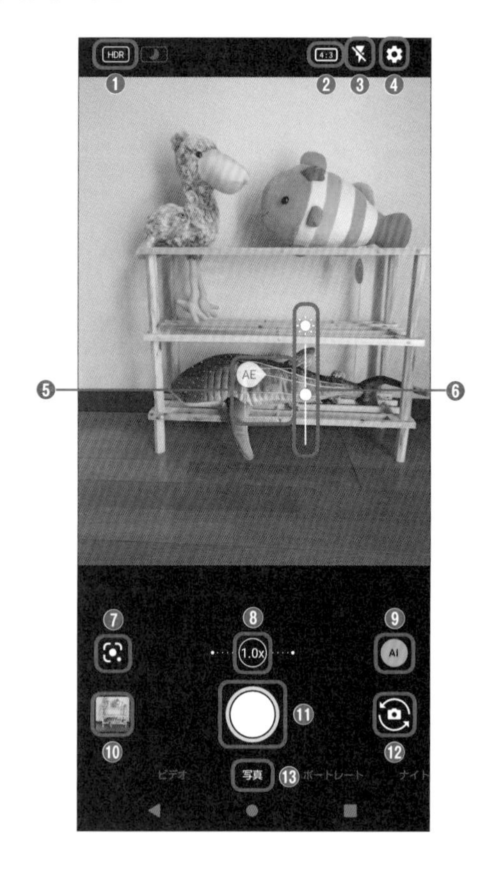

❶	HDR機能の動作中に表示	❽	ズーム倍率
❷	写真サイズ	❾	認識アイコン
❸	フラッシュ	❿	直前に撮影した写真のサムネイル
❹	設定	⓫	写真撮影（シャッターボタン）
❺	フォーカスマーク	⓬	イン／アウトカメラ切り替え
❻	明るさ調整バー	⓭	撮影モード
❼	Google Lensを起動		

ズーム倍率を変更する

1 カメラのズーム倍率を上げるには、「カメラ」アプリの画面上でピンチアウトします。

2 ズーム倍率は最大8.0倍まで上げることができます。ズーム倍率を下げるには、画面上をピンチインします。

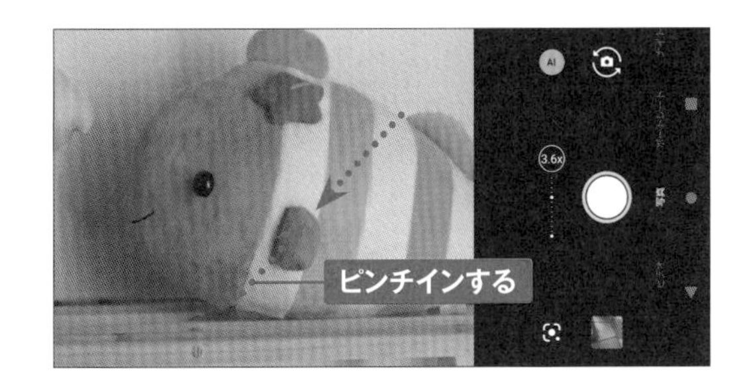

3 ズーム倍率は最小0.6倍まで下げることができます。ズーム倍率に応じて、標準カメラと広角カメラが自動で切り替わります。

4 ズーム倍率のスライダー上をドラッグすることでも、ズーム倍率を変更できます。

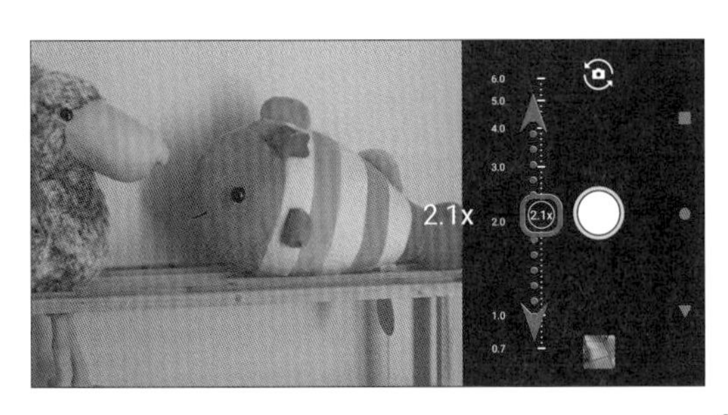

Section 44

カメラの撮影機能を活用する

SH-52D ／ SH-51Dのカメラには、自撮りをきれいに撮れる機能や、撮影した被写体やテキストをすばやく調べることができる機能などがあり、活用すれば撮影をより楽しめます。

5

カメラの「設定」画面を表示する

① カメラを起動し、⚙をタッチします。

② カメラの「設定」画面が表示されます。[写真]をタッチすると、写真のサイズ変更、ガイド線の選択、インテリジェントフレーミング／オートHDR／QRコード・バーコード認識のオン・オフなどの設定ができます。

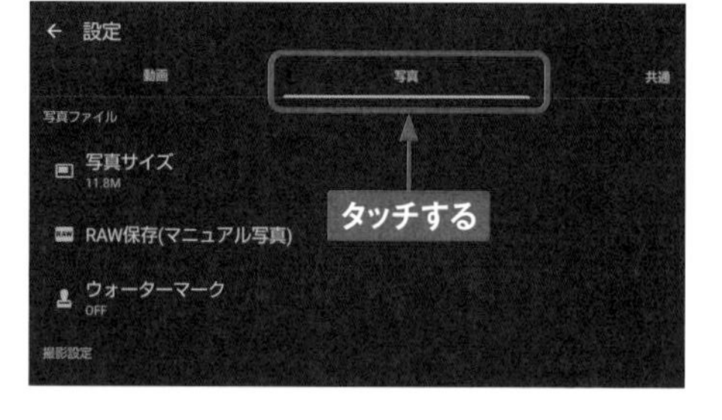

③ [動画]をタッチすると、動画のサイズ、画質とデータ量、手振れ補正／マイク設定／風切り音低減のオン・オフなどの設定ができます。なお、[共通]をタッチすると、写真と動画の共通の設定ができます。

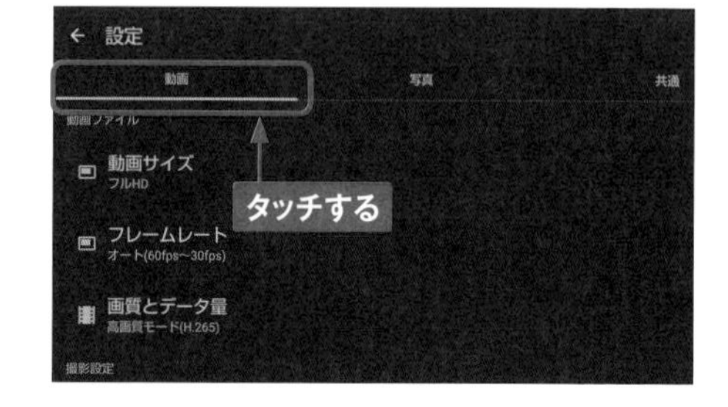

ガイド線を利用する

1 P.126手順①～②を参考にカメラの「設定」画面を表示して、[写真] → [ガイド線] の順でタッチします。

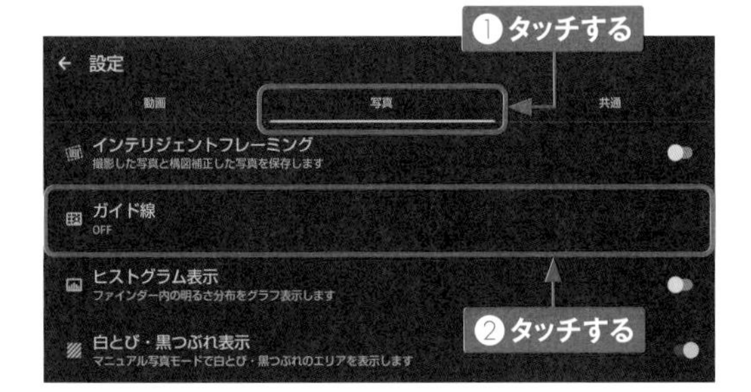

2 「ガイド線」画面に切り替わります。いろいろあるガイド線の1つをタッチすると、手順①の「設定」画面に戻るので、左上の←をタッチします。

3 カメラの画面に戻ると、画面上にガイド線が表示されます。ガイド線を参考に写真の構図を決めて、◯をタッチします。

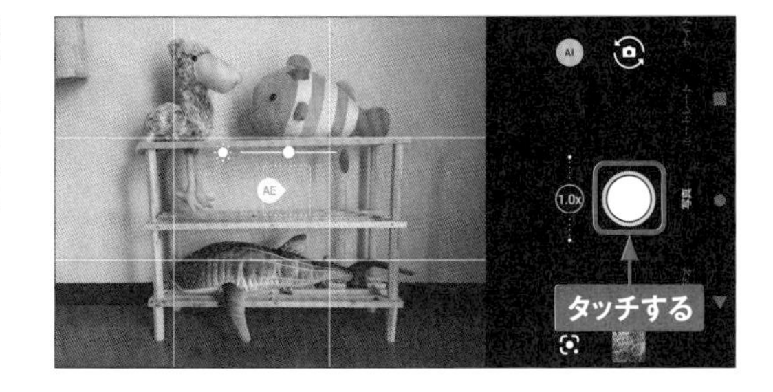

4 ガイド線はカメラの画面に表示されるだけで、撮影された写真には写りません。

写真の縦横比ーサイズを変更する

① カメラの画面で⚙をタッチします。P.126手順②の「設定」画面が表示されたら、[写真サイズ]をタッチします。

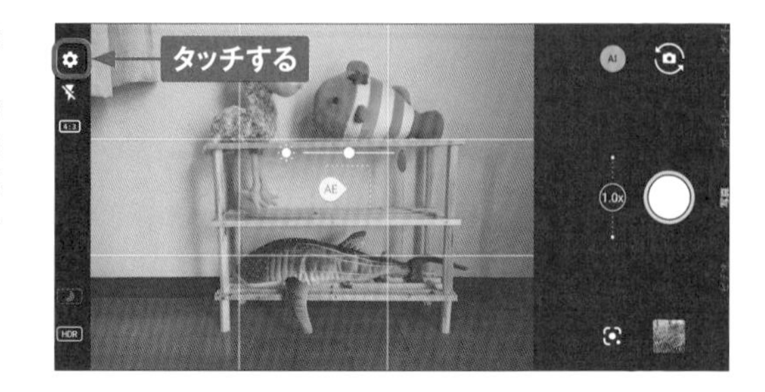

② 初期状態の縦横比ーサイズは「4:3ー11.8M」が選択されているので、ここでは[16.9ー8.3M]をタッチします。「設定」画面に戻るので、左上の←をタッチします。

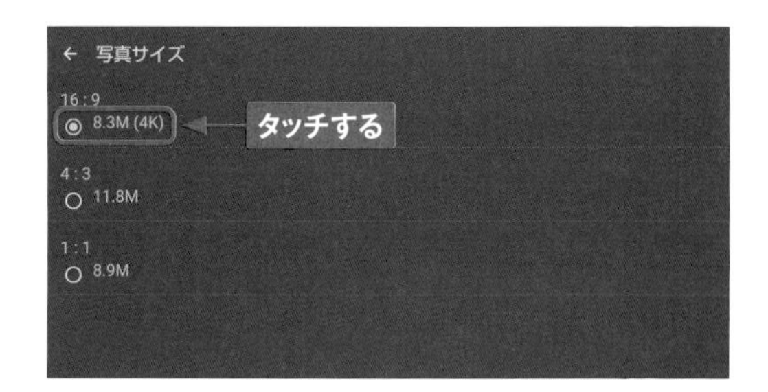

③ カメラの画面に戻ります。手順②で選択した縦横比ーサイズに応じて、カメラの画面の縦横比が変わります。◯をタッチして写真を撮影します。

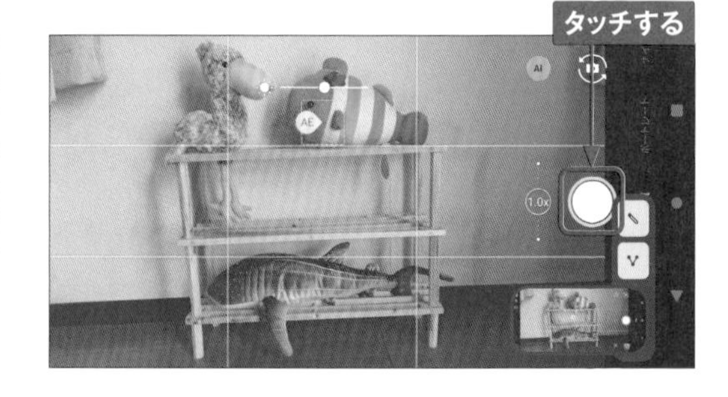

④ 選択した縦横比ーサイズで写真が撮影されます。

Google Lensで撮影したものをすばやく調べる

① カメラを起動し、[icon]をタッチします。初回起動時はアクセス許可の画面で、[カメラを起動] → [アプリの起動時のみ] の順にタッチします。

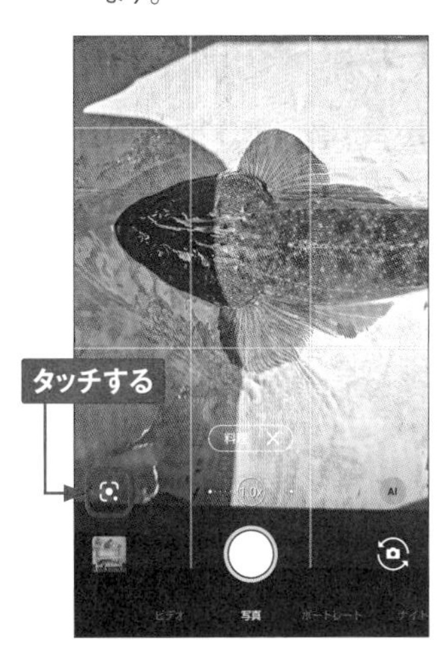

② 調べたいものにカメラをかざし、[icon]をタッチします。

③ 被写体の名前などの情報が表示されます。[icon]を上方向にスライドします。

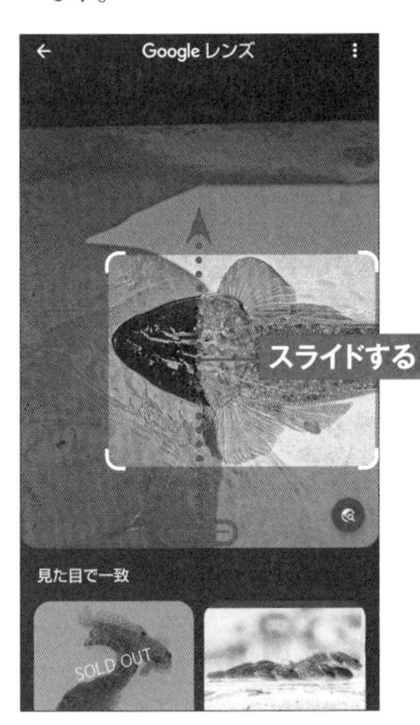

④ さらに詳しい情報をWeb検索で調べることができます。

AIの自動認識をオンにする

1 AIが自動認識したシーンや被写体に応じて、最適な画質やシャッタースピードで撮影できます。自動認識をオンにするには、[AI]をタッチします。

2 アイコンの色が変化して、自動認識がオンになります。被写体を認識すると、被写体の種類が表示されます。

3 手順②の画面で被写体の種類をタッチすると、現在の被写体の認識が解除されます。

MEMO AIライブシャッター

P.126手順③の画面で［AIライブシャッター］をオンにすると、動画の撮影中にAIが被写体や構図を判断して、自動で写真を撮影します。動画の撮影中に◯をタッチして、手動で写真を撮影することもできます。

AIが認識する被写体やシーン

AIが認識する被写体やシーンは人物、動物、料理、花、夕景、黒板／白版などです。被写体の状態によっては、うまく認識できない場合もあります。

●動物

●料理

●花

●夕景

Section 45

Googleフォトで写真や動画を閲覧する

カメラで撮影した写真や動画は「フォト」アプリで閲覧できます。「フォト」アプリは写真や動画を編集するほか、Googleドライブ上に自動的にバックアップする機能も備えています。

5

「フォト」アプリを起動する

① ホーム画面で［フォト］をタッチします。

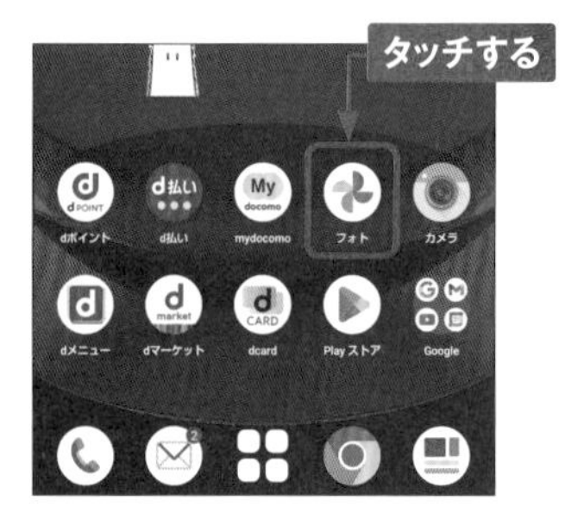

② ［バックアップをオンにする］をタッチすると、写真や動画がGoogleドライブにアップロードされます。次の画面で、［高画質］か［元のサイズ］を選びます。バックアップの設定は後から変更することもできます（P.137参照）。

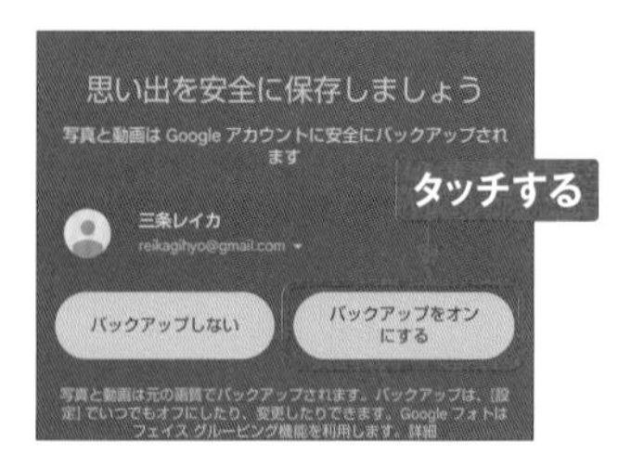

③ 「フォト」アプリの画面が表示されます。写真や動画のサムネイルをタッチします。

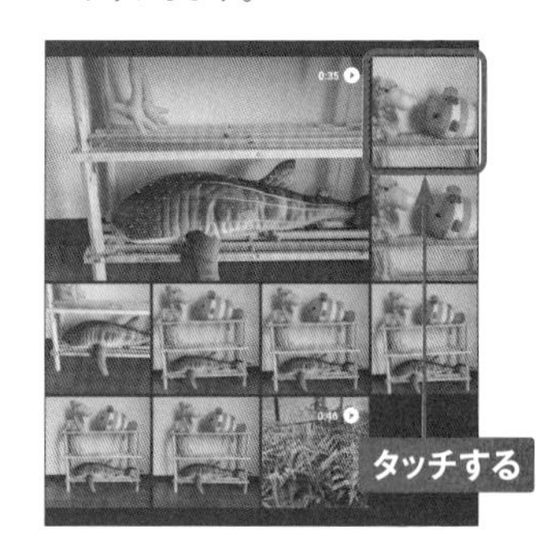

④ 写真や動画が表示されます。

写真や動画を削除する

① 「フォト」アプリを起動して、削除したい写真をロングタッチします。

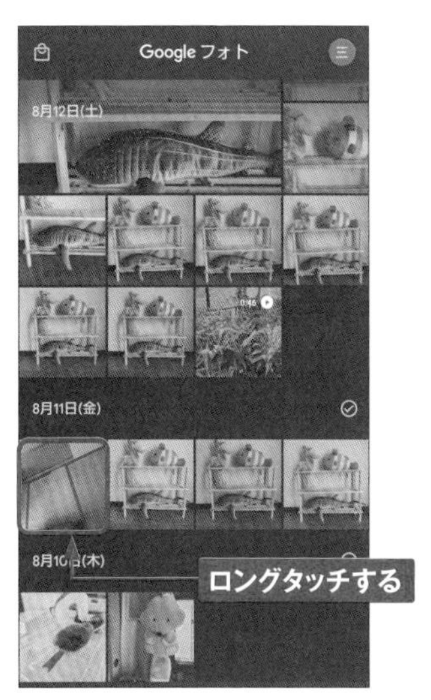

② 写真が選択されます。複数の写真を削除したい場合は、ほかの写真もタッチして選択しておきます。🗑をタッチし、「アイテムをゴミ箱に移動します」の説明が表示されたら［OK］をタッチします。

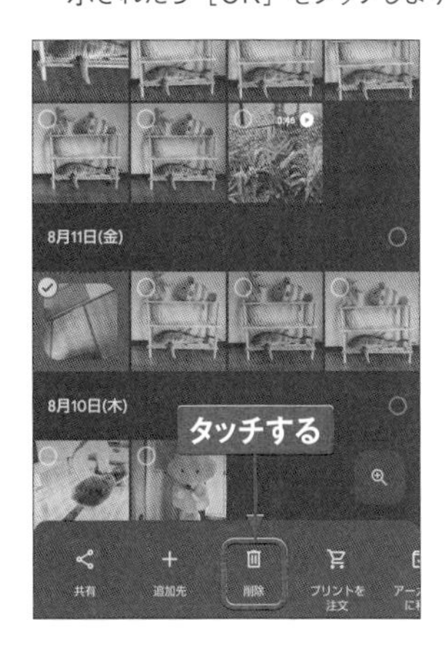

③ ［ゴミ箱に移動］をタッチします。

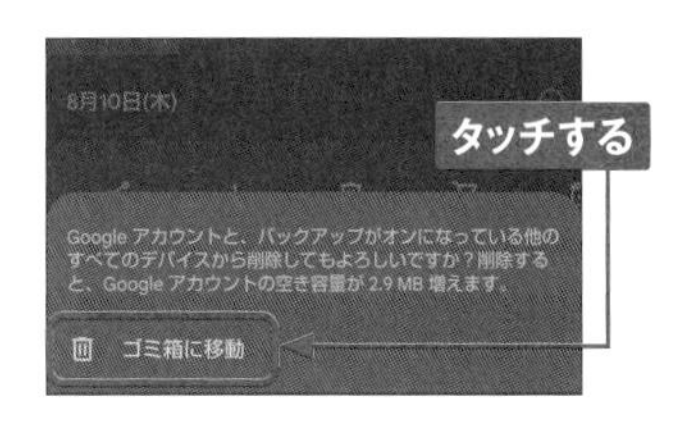

④ 選択した写真がゴミ箱に移動します。

MEMO **写真を完全に削除する**

手順④の時点で写真はゴミ箱に移動しますが、まだ削除されていません。写真をGoogleフォトから完全に削除するには、手順①の画面で右下の［ライブラリ］→［ゴミ箱］の順でタッチし、「ゴミ箱」画面で⋮→［ゴミ箱を空にする］→［完全に削除］の順でタッチします。

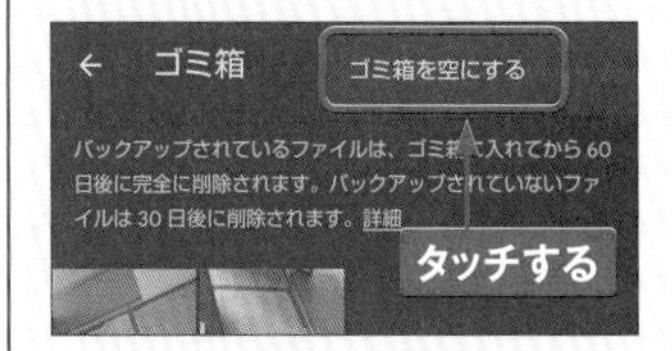

写真を編集する

① 「フォト」アプリで写真を表示して、[編集]をタッチします。「Google Oneプラン」の説明が表示されたら、☒をタッチします。

② 写真を自動補正するには、[ダイナミック]、[補整]、[ウォーム]、[クール]のいずれかを選んでタッチします。

③ 編集が適用された写真が表示されます。いずれの編集の場合も、[キャンセル]をタッチすると編集をやり直すことができます。[コピーを保存]をタッチすると、もとの写真はそのままで、編集した写真のコピーが保存されます。

④ 写真のコピーが保存されました。

5 手順①の画面で［切り抜き］をタッチすると、写真をトリミングしたり、回転させたりできます。

6 ［調整］をタッチすると、明るさやコントラストの変更、肌の色の修正などができます。

7 ［フィルタ］をタッチすると、各種のフィルタを適用して写真の雰囲気を変更できます。

8 ［その他］をタッチすると、Photoshop Expressによる編集が可能です。Photoshop Expressを利用するには、Adobe IDを取得する必要があります。

動画を編集する

① 「フォト」アプリで動画を表示して、[編集] をタッチします。

② 画面の下部に表示されたフレームをタッチして場面を選び、[フレーム画像をエクスポート] をタッチすると、その場面が写真として保存されます。□をタッチすると、動画の手ブレを補整できます。

③ 画面の下部に表示されたフレームの左右のハンドルをドラッグして、動画をトリミングすることができます。[コピーを保存] をタッチすると、新しい動画として保存されます。

MEMO 映像に効果を加える

手順②の画面で [切り抜き] [調整] [フィルタ] [マークアップ] などをタッチすると、写真と同じように映像に効果を加えることができます。

Section 46

Googleフォトを活用する

「フォト」アプリでは、写真をバックアップしたり、写真を検索したりできる便利な機能が備わっています。また、写真は自動的にアルバムで分類されて、撮影した写真をかんたんにまとめてくれます。

バックアップする写真の画質を確認する

1 「フォト」アプリで、右上のユーザーアイコンをタッチし、[フォトの設定]をタッチします。

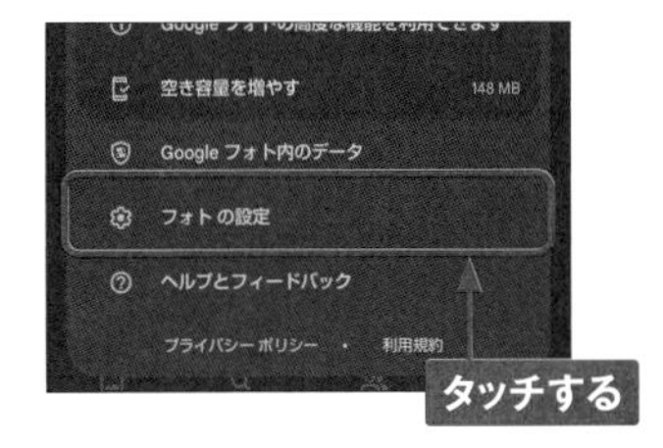

2 [バックアップ] をタッチします。

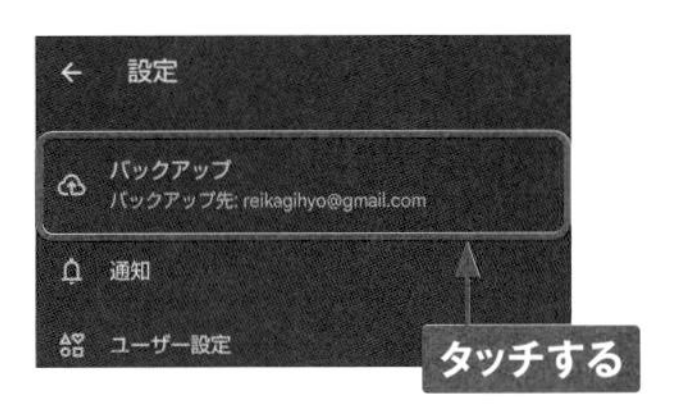

3 [バックアップ] が の場合はタッチします。

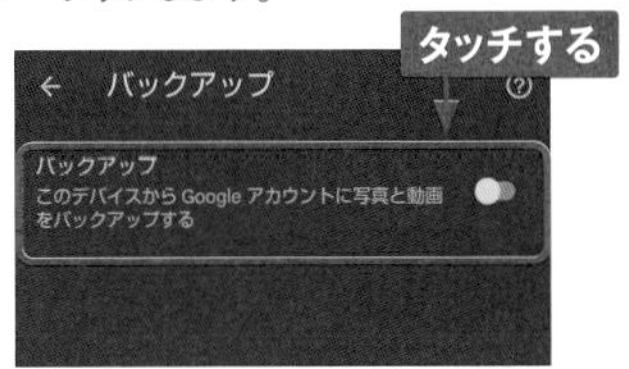

4 に切り替わり、バックアップと同期がオンになります。[バックアップの画質] をタッチします。

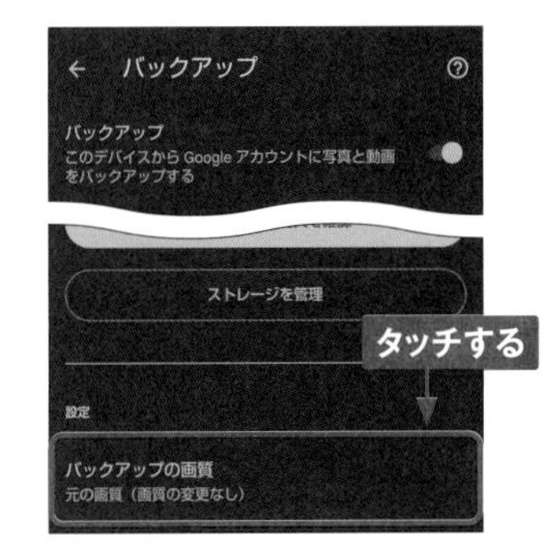

5 [元の画質] はもとの画質で、[保存容量の節約画質] は画質を下げてGoogleドライブへ保存します。「節約画質」のほうがより多くの写真を保存できます。

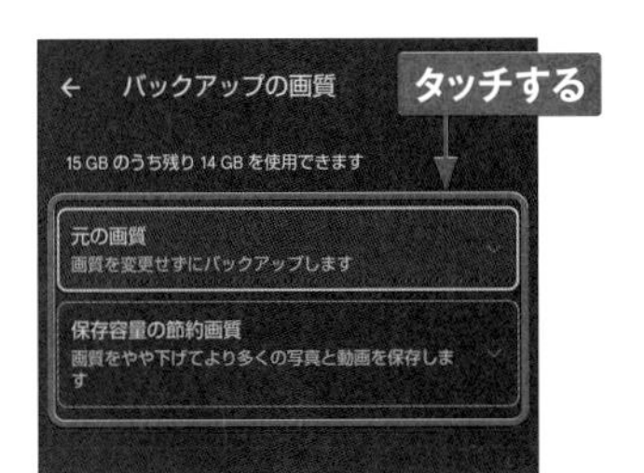

写真を検索する

① 「フォト」アプリを起動し、［検索］をタッチします。

② ［写真を検索］欄に写真のキーワードを入力し、✓をタッチします。「写真の検索結果を改善するには」の確認画面が表示されたら、ここでは［利用しない］をタッチします。

③ キーワードに対応した写真の一覧が表示されます。

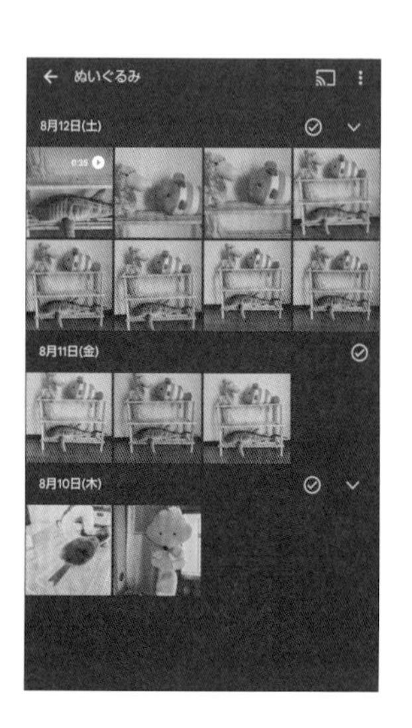

MEMO 写真内の文字で検索する

手順②の画面でキーワードを入力して、写真に写っている活字やフォントで、写真を検索することもできます。

Chapter 6

ドコモのサービスを利用する

Section 47

dメニューを利用する

SH-52D ／ SH-51Dでは、ドコモのポータルサイト「dメニュー」を利用できます。dメニューでは、ドコモのサービスにアクセスしたり、メニューリストからWebページやアプリを探したりできます。

メニューリストからWebページを探す

1 ホーム画面で［dメニュー］をタッチします。「dメニューお知らせ設定」画面が表示された場合は、［OK］をタッチします。

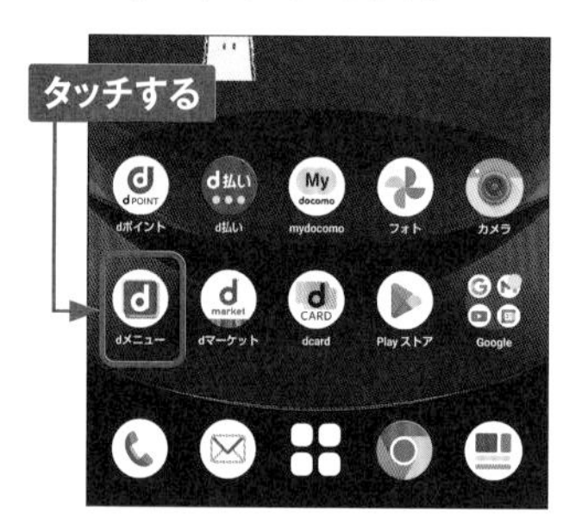

2 「Chrome」アプリが起動し、dメニューが表示されます。［すべてのサービス］をタッチします。

3 サービスの一覧が表示されます。［メニューリスト］をタッチします。

dメニューとは

dメニューは、ドコモのスマートフォン向けのポータルサイトです。ドコモおすすめのアプリやサービスなどをかんたんに検索したり、利用料金の確認などができる「My docomo」（Sec.49参照）にアクセスしたりできます。

4 「メニューリスト」画面が表示されます。画面を上方向にスクロールして、閲覧したいジャンルをタッチします。

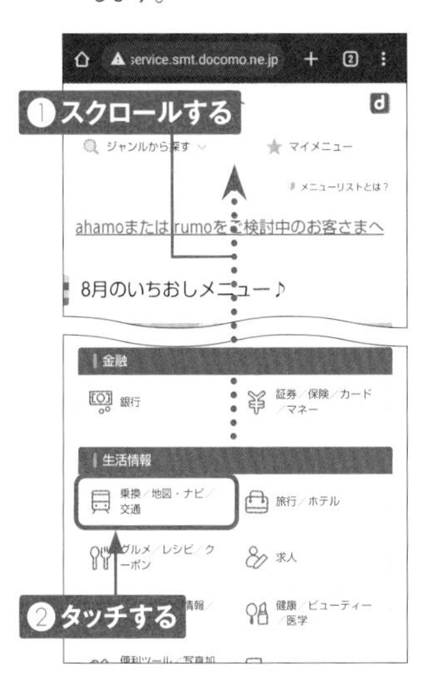

5 一覧から、閲覧したいWebページのタイトルをタッチします。アクセス許可の確認が表示された場合は、[許可]をタッチします。

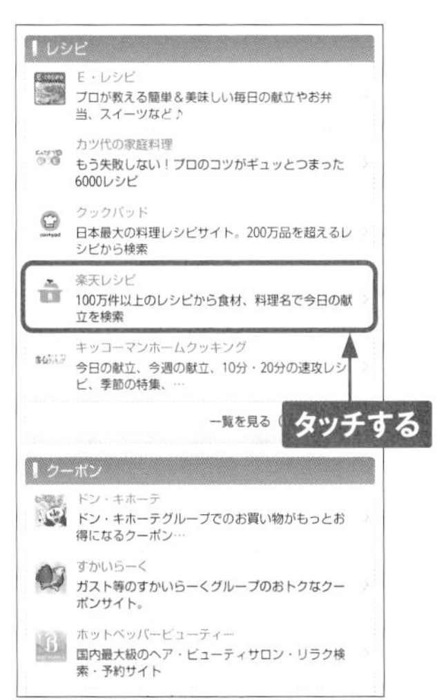

6 目的のWebページが表示されます。◀を何回かタッチすると、一覧に戻ります。

MEMO マイメニューの利用

P.140手順③で[マイメニュー]をタッチしてdアカウントでログインすると、「マイメニュー」画面が表示されます。登録したアプリやサービスの継続課金一覧、dメニューから登録したサービスやアプリを確認できます。

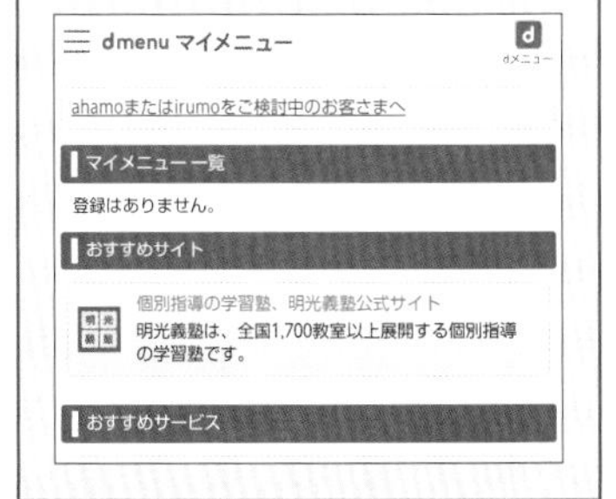

Section 48

my daizを利用する

「my daiz」は、話しかけるだけで情報を教えてくれたり、ユーザーの行動に基づいた情報を自動で通知してくれたりするサービスです。使い込めば使い込むほど、さまざまな情報を提供してくれます。

my daizを準備する

① ホーム画面でmy daizのキャラクターアイコンをタッチします。

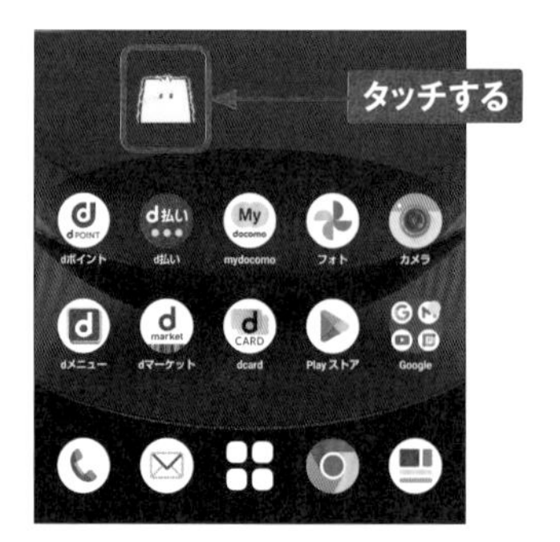

② 初回起動時は、さまざまな許可に関する画面が表示されるので、画面の指示に従って操作します。

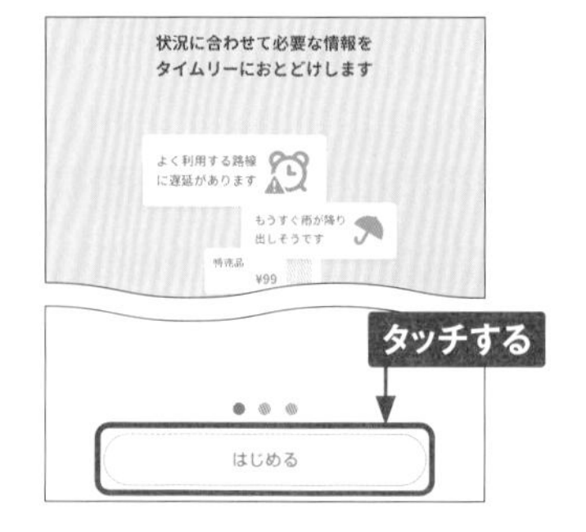

③ 「ご利用にあたって」画面が表示された場合は、[上記事項に同意する]をタッチしてチェックを付け、[同意する] をタッチします。

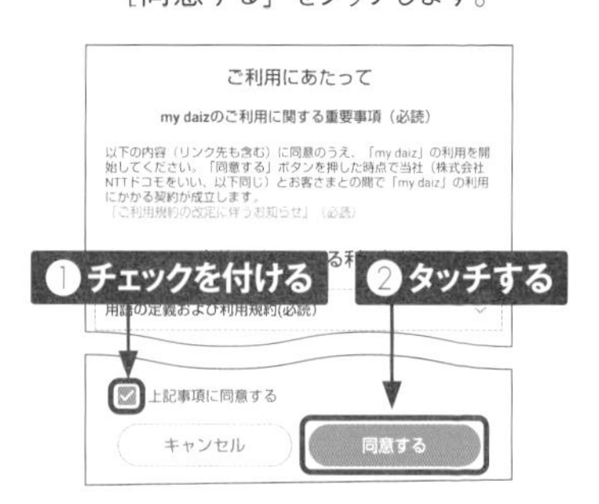

④ 設定が完了して、my daizが利用できるようになります。

my daizを利用する

1 ホーム画面でmy daizのキャラクターアイコンをタッチします。

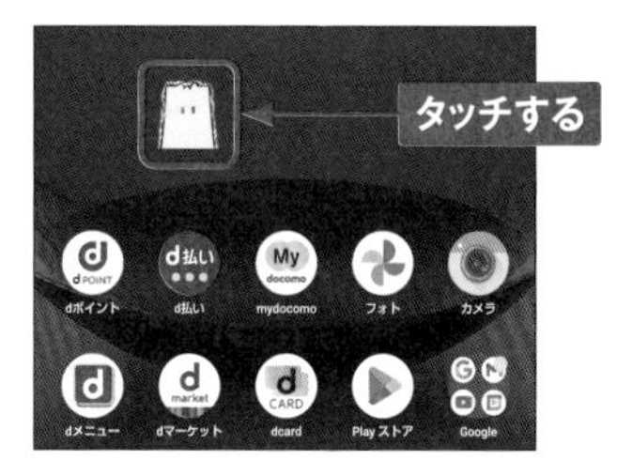

2 my daizの対話画面が開きます。

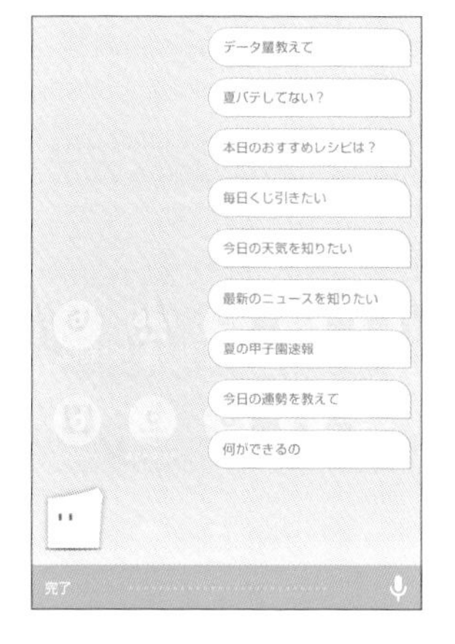

3 画面に向かって話しかけます。ここでは、「最新のニュースは」と話します。

4 最新のニュースの一覧が表示されます。そのほかにも、アラームをセットしたり、現在地周辺の施設を探したりと、いろいろなことができるので試してみましょう。

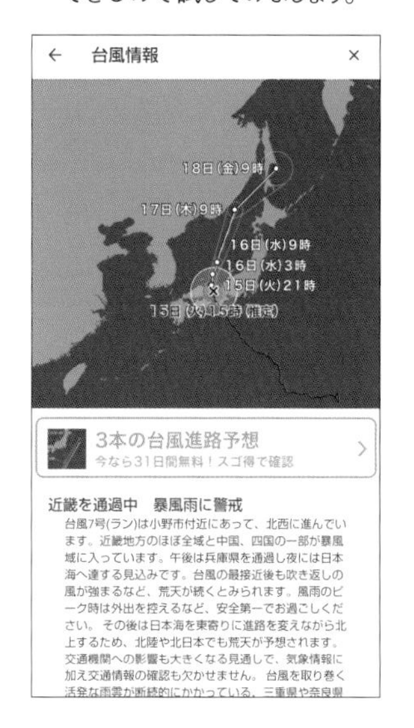

テキストを入力する

「テキストを入力」欄にテキストを入力して、キャラクターに指示することもできます。

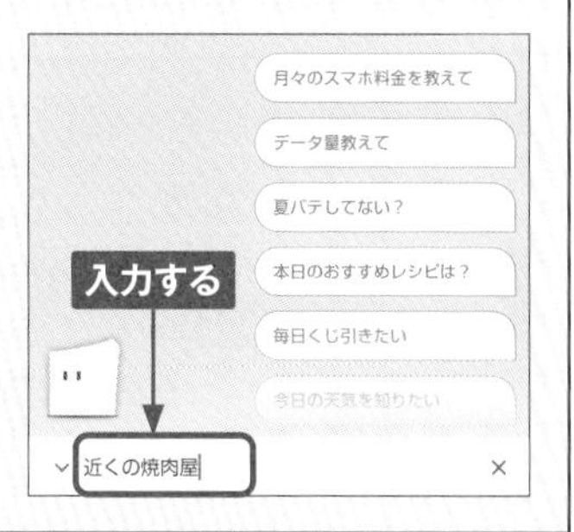

6

Section 49

My docomoを利用する

「My docomo」では、契約内容の確認・変更などのサービスが利用できます。My docomoを利用する際は、dアカウントのパスワード（Sec.12参照）が必要です。

契約情報を確認・変更する

① P.140手順②の画面で［My docomo］をタッチします。

② dアカウントのログイン画面が表示されたら、［ログインする］をタッチします。ログイン済みの場合は手順⑤に移行します。

③ dアカウントのIDを入力し、［次へ］をタッチします。

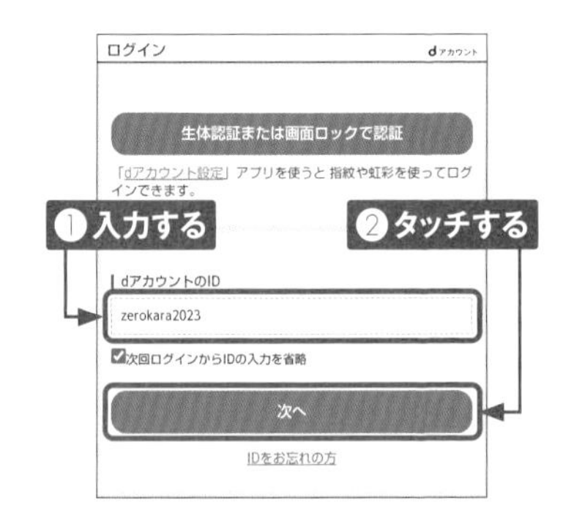

④ 画面ロックに暗証番号（Sec.56参照）を設定している場合は、この画面が表示されます。暗証番号を入力して進みます。

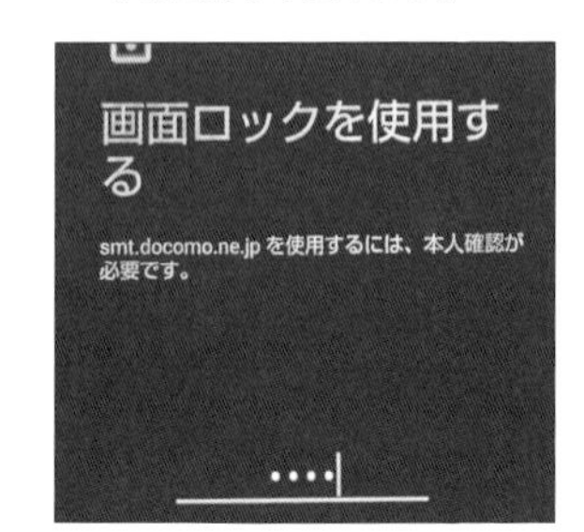

5 「My docomo」画面が開いたら［お手続き］をタッチします。

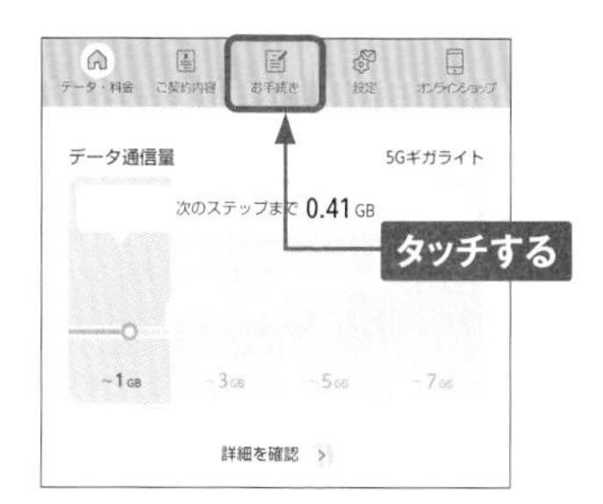

6 画面を上方向にスクロールして、「カテゴリから探す」の［契約・料金］をタッチします。

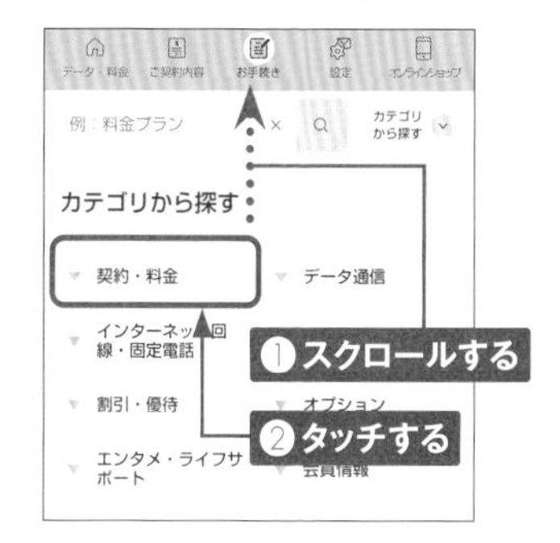

7 「契約・料金」の［ご契約内容確認・変更］をタッチして展開します。

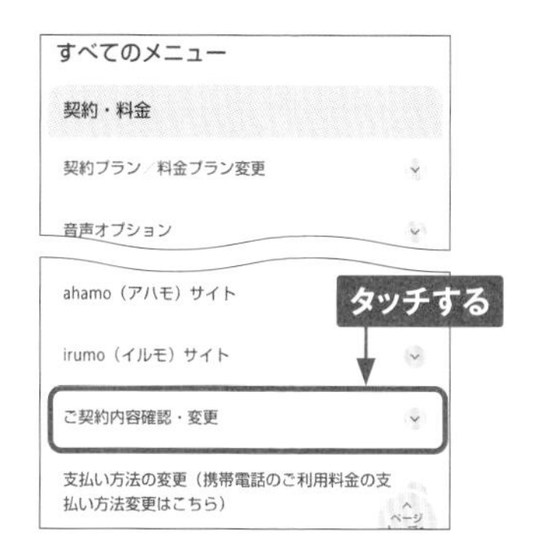

8 表示された［確認・変更する］をタッチします。

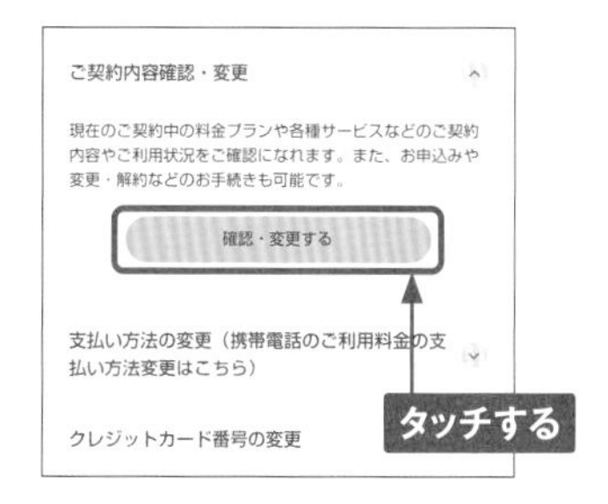

9 「ご契約内容確認・変更」画面を上方向へスクロールします。

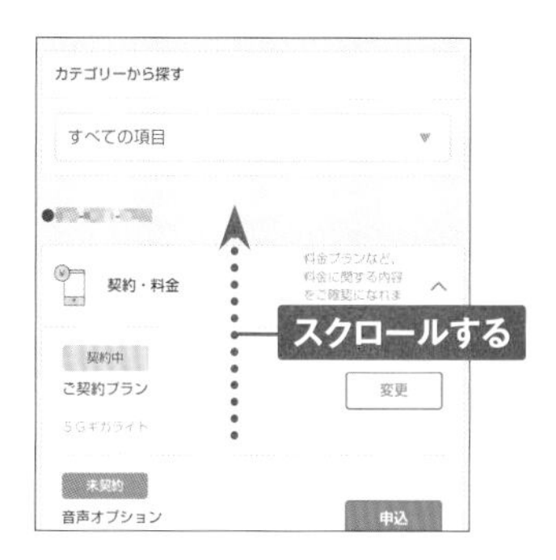

10 ［オプション］をタッチして展開します。

11 有料オプションサービスの契約状況が表示されます。申し込みや解約をしたいサービス（ここでは［my daiz］）の［申込］または［解約］をタッチします。

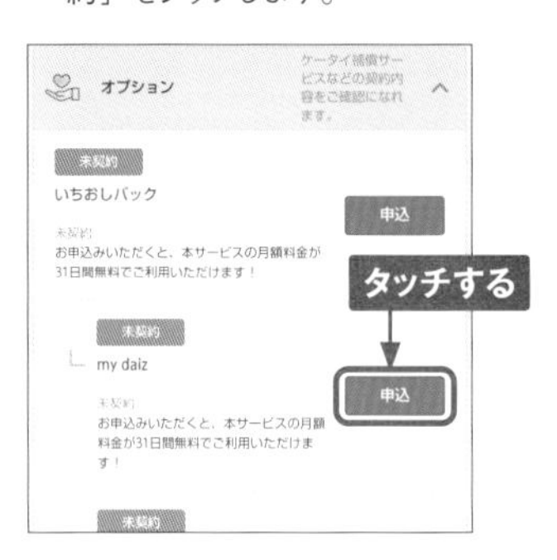

12 画面を上方向にスクロールして、契約内容を確認します。

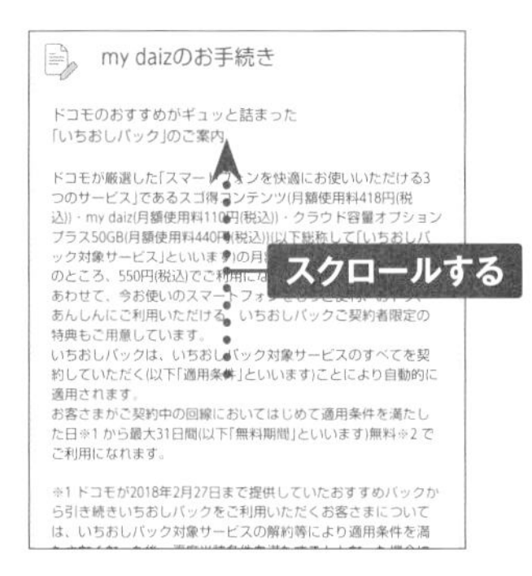

13 「お手続き内容確認」にチェックが付いていることを確認して、画面を上方向にスクロールします。

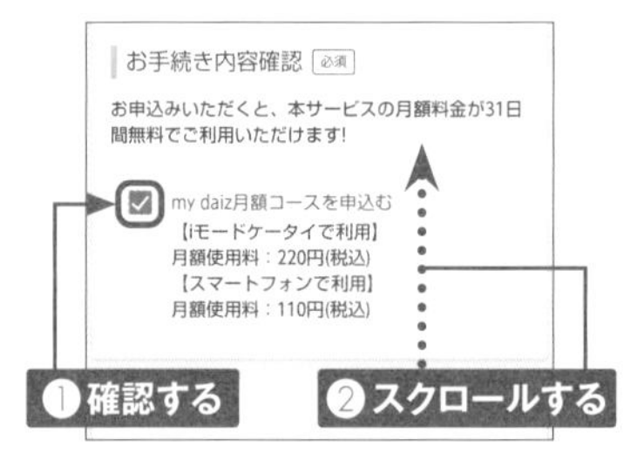

14 受付確認メールの送信先をタッチして選択し、［次へ進む］をタッチします。

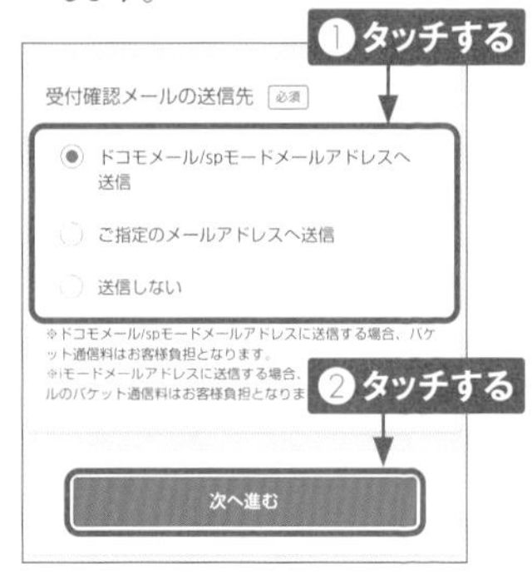

15 確認画面が表示されるので、［はい］をタッチします。

16 ［開いて確認］をタッチして注意事項を確認し、チェックボックスにチェックを付け、［同意して進む］→［この内容で手続きを完了する］の順でタッチすると、手続きが完了します。

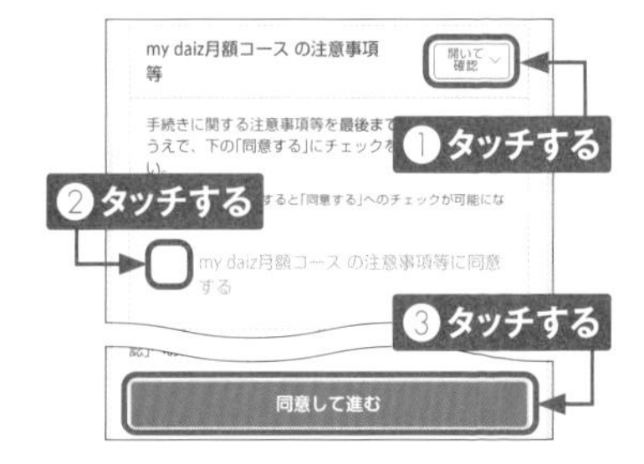

ドコモのアプリをアップデートする

1 設定メニューで［ドコモのサービス/クラウド］をタッチします。

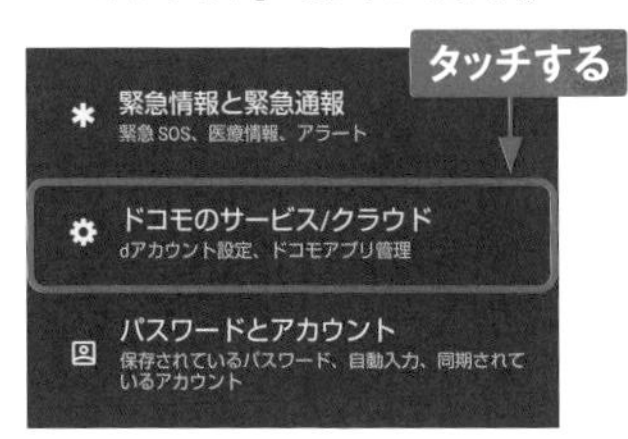

2 「ドコモのサービス/クラウド」画面で［ドコモアプリ管理］をタッチします。

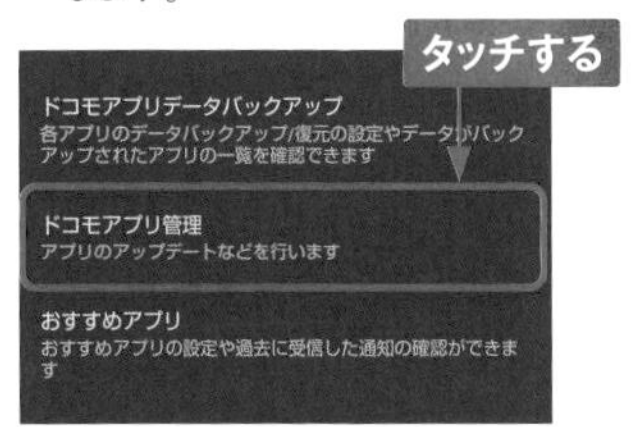

3 「ドコモアプリ管理」画面で［すべてアップデート］をタッチします。アプリによっては個別の確認画面が表示されることがあるので、［同意する］をタッチします。

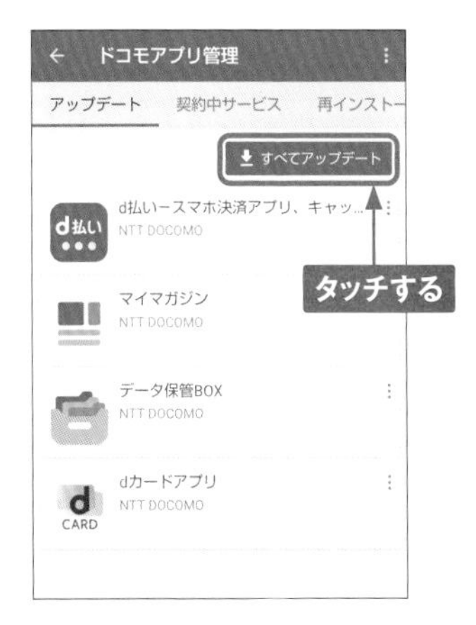

4 「複数アプリのダウンロード」の確認画面が表示されたら、［Wi-Fi接続時］または［今すぐ］をタッチします。

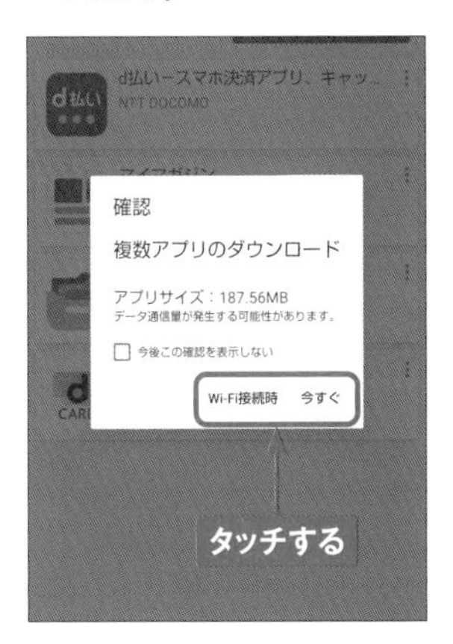

5 手順④で［今すぐ］をタッチすると、すぐにアップデートが開始します。［Wi-Fi接続時］をタッチした場合は、Wi-Fiの接続時にアップデートを開始します。

6

d払いを利用する

「d払い」は、NTTドコモが提供するキャッシュレス決済サービスです。お店でバーコードを見せるだけでスマホ決済を利用できるほか、Amazonなどのネットショップの支払いにも利用できます。

d払いとは

「d払い」は、以前からあった「ドコモケータイ払い」を拡張して、ドコモ回線ユーザー以外も利用できるようにした決済サービスです。ドコモユーザーの場合、支払い方法に電話料金合算払いを選べ、より便利に使えます（他キャリアユーザーはクレジットカードが必要）。

「d払い」アプリでは、バーコードを見せるか読み取ることで、キャッシュレス決済が可能です。支払い方法は、電話料金合算払い、d払い残高（ドコモ口座）、クレジットカードから選べるほか、dポイントを使うこともできます。

左の画面で［クーポン］をタッチすると、店頭で使える割り引きなどのクーポンの情報が一覧表示されます。ポイント還元のキャンペーンはエントリー操作が必須のものが多いので、こまめにチェックしましょう。

d払いの初期設定をする

1 Wi-Fiに接続している場合はP.182を参考にWi-Fiをオフにしてから、ホーム画面で［d払い］をタッチします。

2 サービスの紹介の画面で［次へ］を2回タッチし、［はじめる］→［OK］→［アプリの使用時のみ］の順にタッチします。

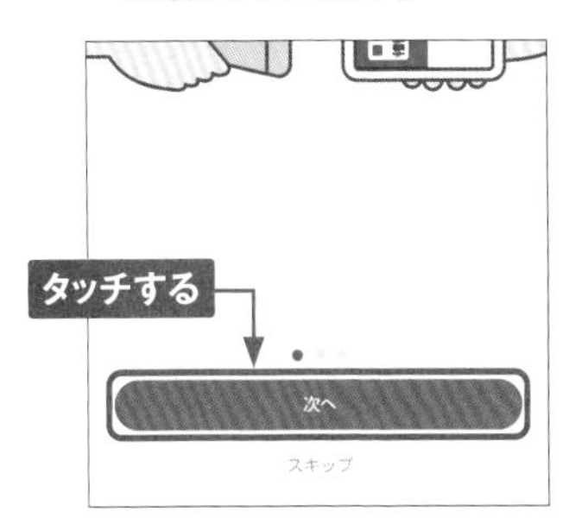

3 「ご利用規約」画面をよく読み、［同意して次へ］をタッチします。

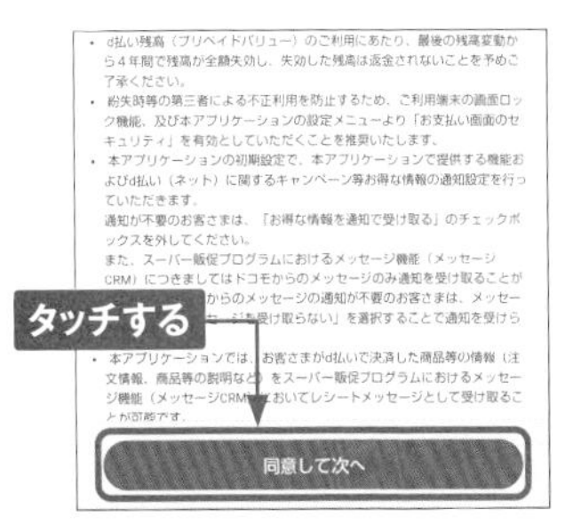

4 「暗証番号確認」画面が表示された場合はネットワーク暗証番号（P.36参照）を入力し、［暗証番号確認］をタッチします。d払いについての説明が続くので、［次へ］をタッチして進めます。

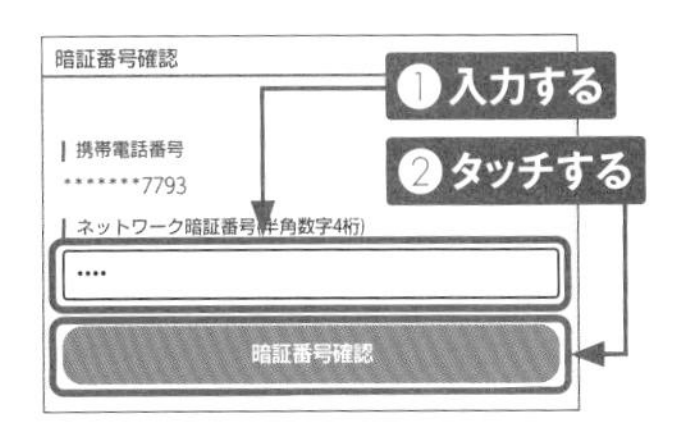

5 「ご利用設定」画面で［次へ］をタッチし、使い方の説明で［次へ］を何度かタッチして［さあ、d払いをはじめよう!］をタッチすると、利用設定が完了します。

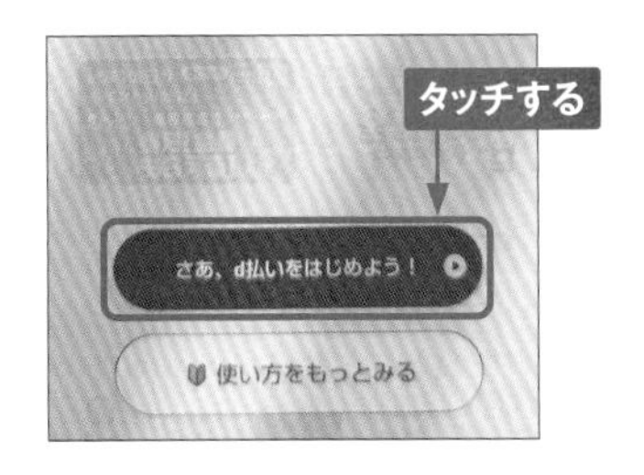

MEMO dポイントカード

「d払い」アプリの画面右下の［dポイントカード］をタッチすると、モバイルdポイントカードのバーコードが表示されます。dポイントカードが使える店では、支払い前にdポイントカードを見せてd払いにすることで、二重にdポイントを貯めることが可能です。

Section 51

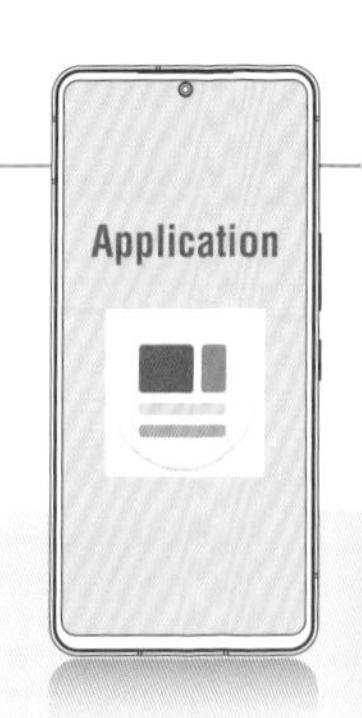

マイマガジンでニュースをまとめて読む

マイマガジンは、自分で選んだジャンルのニュースが自動で表示される無料のサービスです。読むニュースの傾向に合わせて、より自分好みの情報が表示されるようになります。

好きなニュースを読む

① ホーム画面で をタッチします。

② 初回に「マイマガジンへようこそ」画面が表示されたら、[規約に同意して利用を開始]をタッチします。

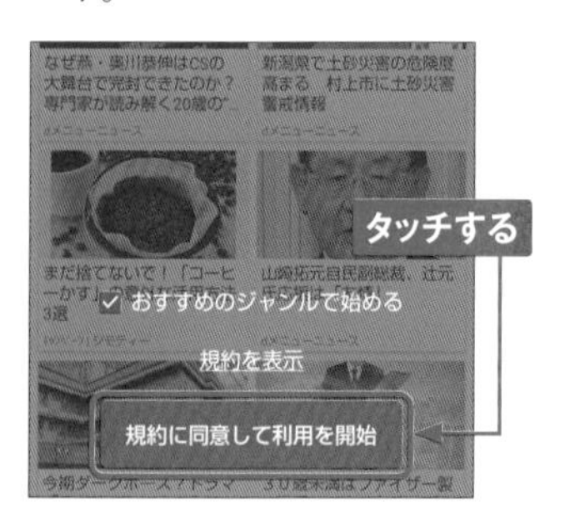

③ 画面を左右にフリックして、ニュースのジャンルを切り替え、読みたいニュースをタッチします。

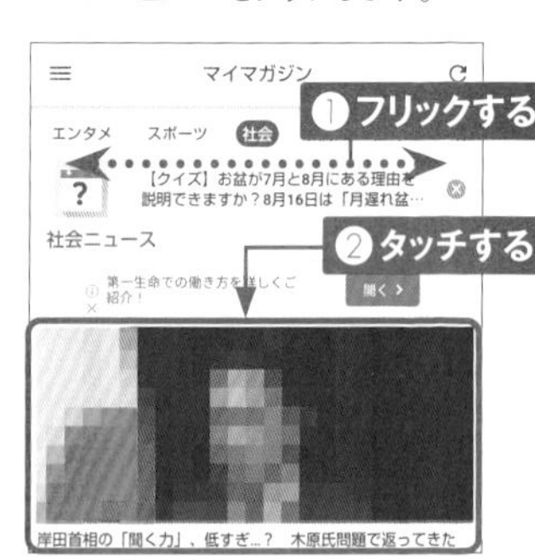

④ ニュースの冒頭の部分が表示されます。[元記事サイトへ]をタッチします。

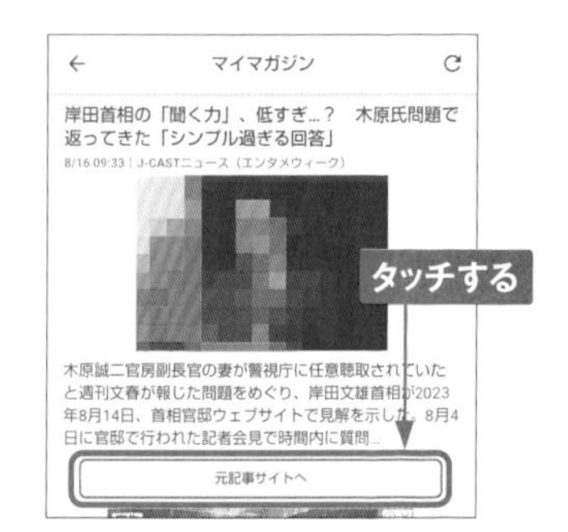

5 元記事のWebページが表示されて、全文を読むことができます。画面右下の🌐をタッチします。

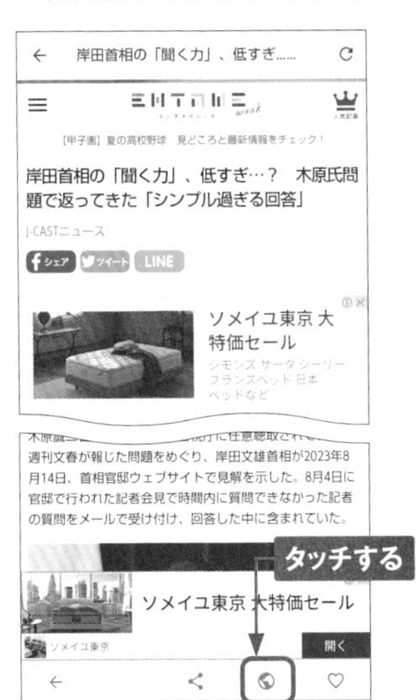

6 「Chrome」アプリで元記事のWebページが表示されます。

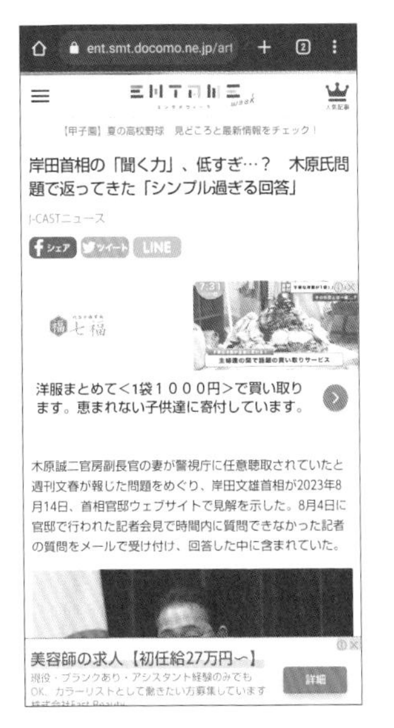

7 手順⑤の画面で右下の♡をタッチすると、表示したニュースをお気に入りに登録できます。既存のお気に入りに登録するほか、お気に入りを新規作成することもできます。

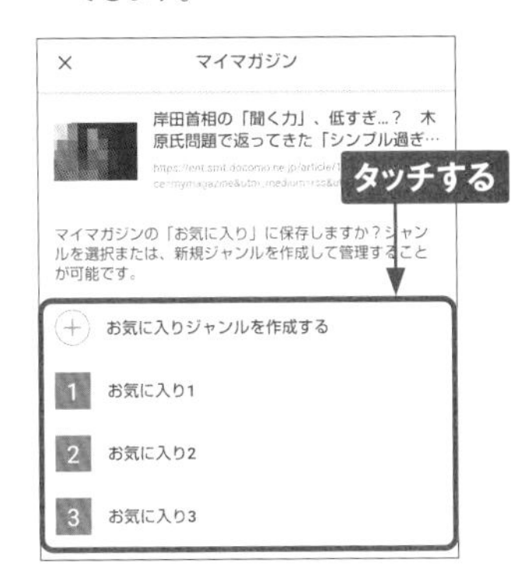

MEMO ニュースのジャンルを追加する

ニュースのジャンルを追加するには、P.150手順③の画面で左上の≡→［ジャンル追加］の順にタッチします。「ジャンル追加」画面で追加したいジャンルをタッチし、表示された画面で右上の［追加］をタッチします。

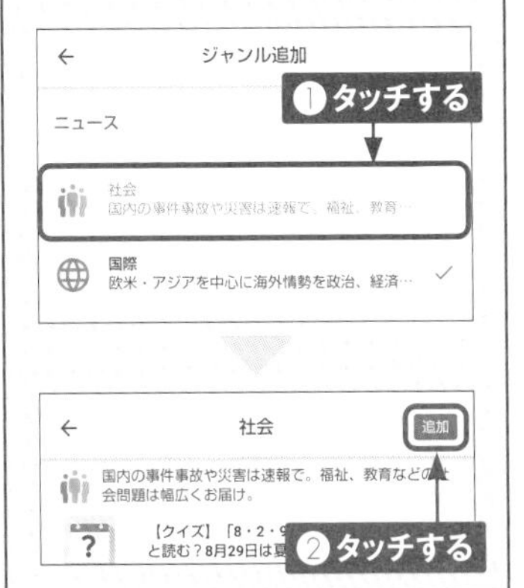

6

Section 52

ドコモデータコピーを利用する

ドコモデータコピーでは、電話帳や画像などのデータをmicroSDカードに保存できます。データが不意に消えてしまったときや、機種変更するときにすぐにデータを戻すことができます。

ドコモデータコピーでデータをバックアップする

1 アプリ一覧画面で［ツール］フォルダ→［データコピー］の順でタッチします。表示されていない場合は、P.147を参考にドコモのアプリをアップデートします。

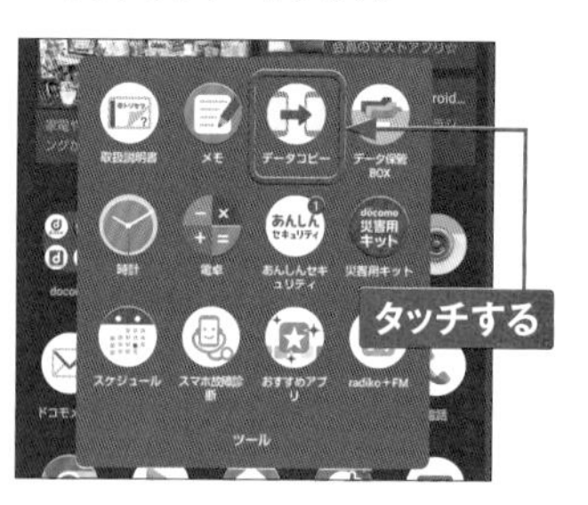

2 初回起動時に「ドコモデータコピー」画面が表示された場合は、［規約に同意して利用を開始］をタッチします。

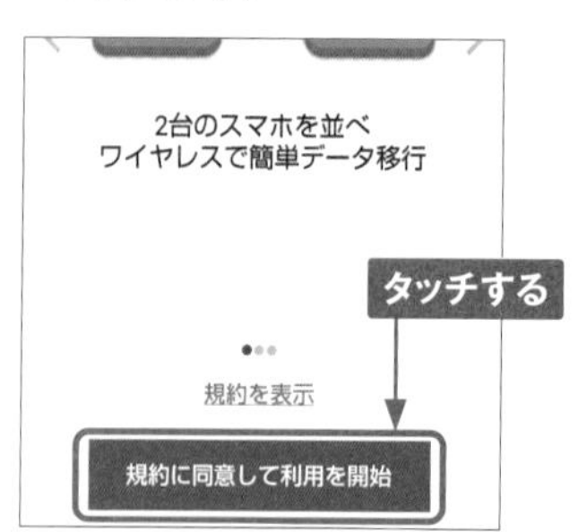

3 「ドコモデータコピー」画面で［バックアップ&復元］をタッチします。

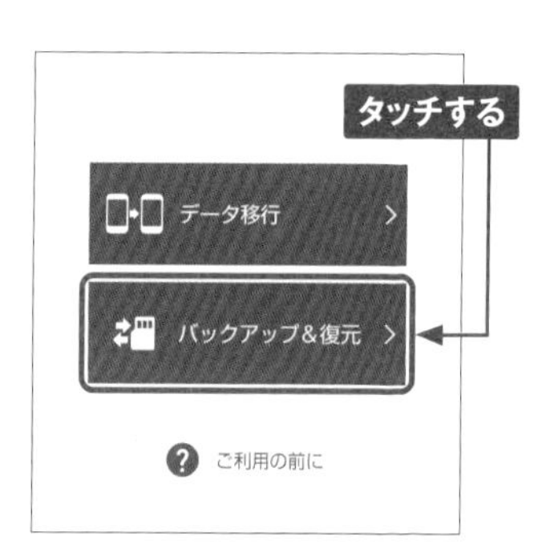

4 「アクセス許可」画面が表示されたら［スタート］をタッチし、［許可］を何回かタッチして進みます。

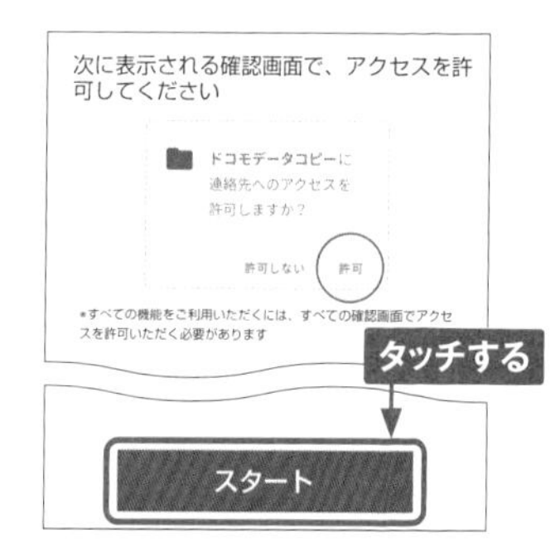

5 「暗号化設定」画面が表示されたら、ここではそのまま［設定］をタッチします。

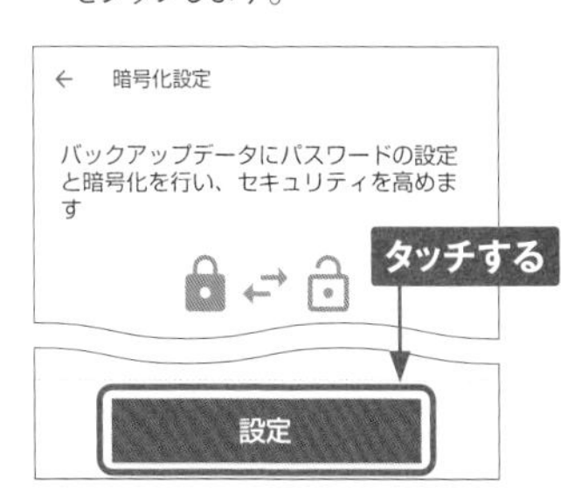

6 「バックアップ・復元」画面が表示されたら、［バックアップ］をタッチします。

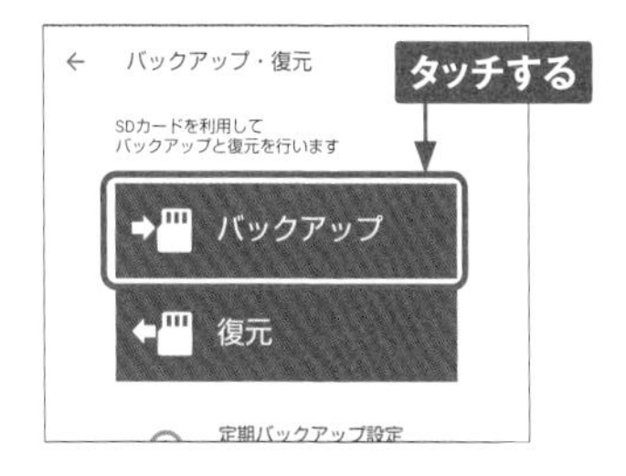

7 「バックアップ」画面でバックアップする項目をタッチしてチェックを付け、［バックアップ開始］をタッチします。

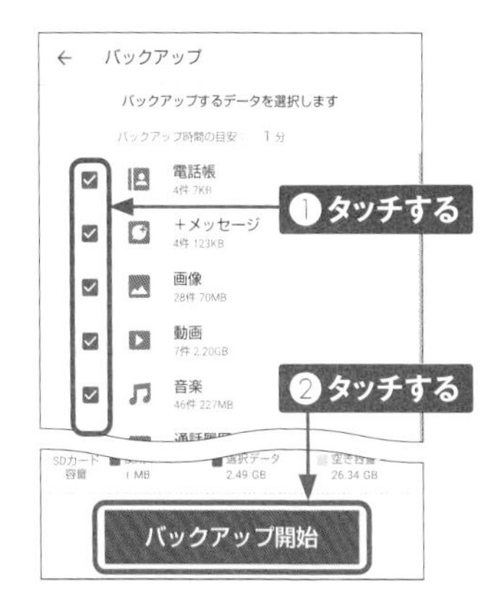

8 「確認」画面で［開始する］をタッチします。

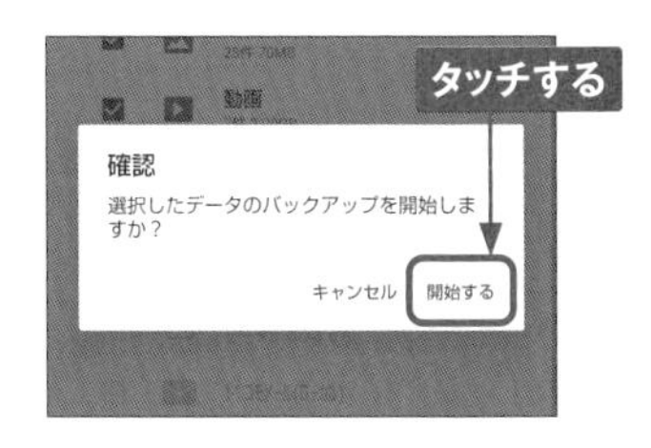

9 バックアップが開始します。

10 バックアップが完了したら、［トップに戻る］をタッチします。

6

ドコモデータコピーでデータを復元する

1 P.153手順⑥の画面で［復元］をタッチします。

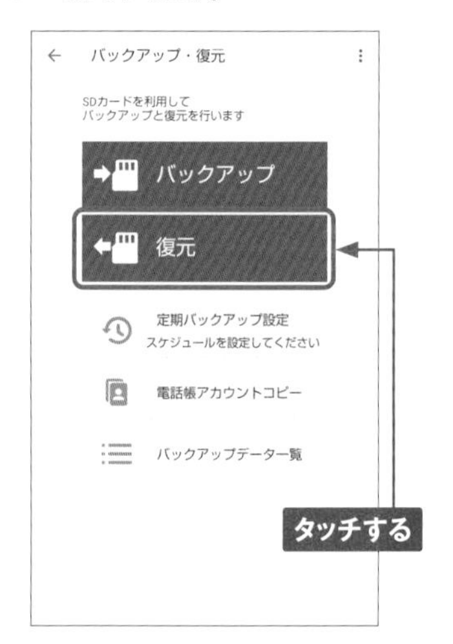

2 復元するデータをタッチしてチェックを付け、［次へ］をタッチします。

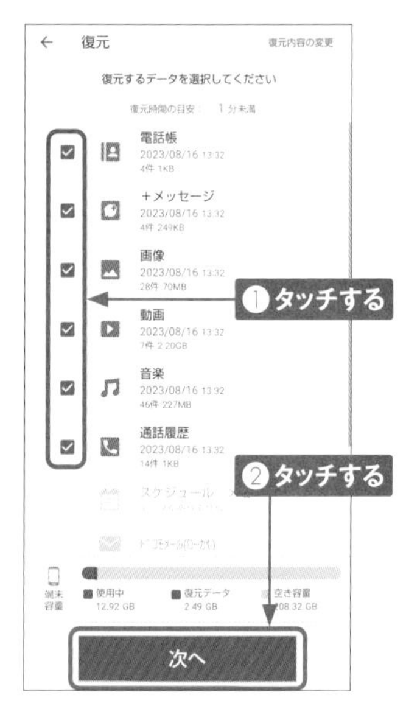

3 データの復元方法を確認して［復元開始］をタッチします。［復元方法を変更する場合はこちら］をタッチすると、データを上書きするか追加するかを選べます（初期状態は「上書き」）。

4 「確認」画面が表示されるので、［開始する］をタッチします。

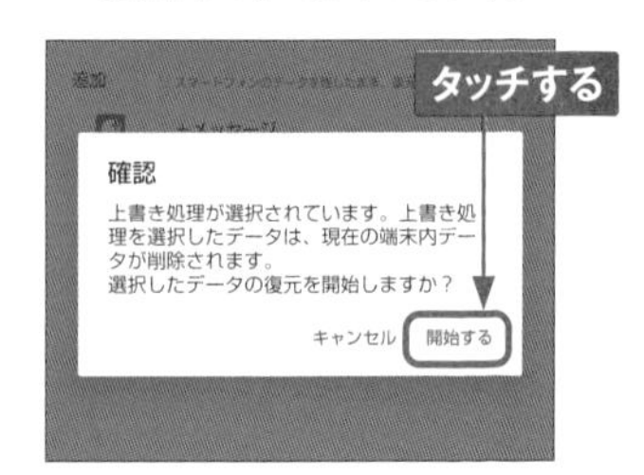

5 データの復元が開始します。

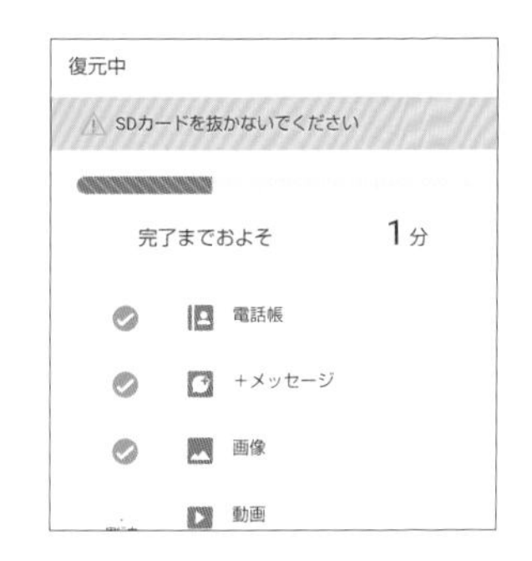

Chapter 7

SH-52D／SH-51D を使いこなす

Section 53

ホーム画面をカスタマイズする

ホーム画面には、アプリアイコンを配置したり、フォルダを作成してアプリアイコンをまとめたりできます。よく使うアプリのアイコンをホーム画面に配置して、使いやすくしましょう。

アプリアイコンをホーム画面に追加する

1 アプリ一覧画面を表示します。ホーム画面に追加したいアプリアイコンをロングタッチして、[ホーム画面に追加]をタッチします。

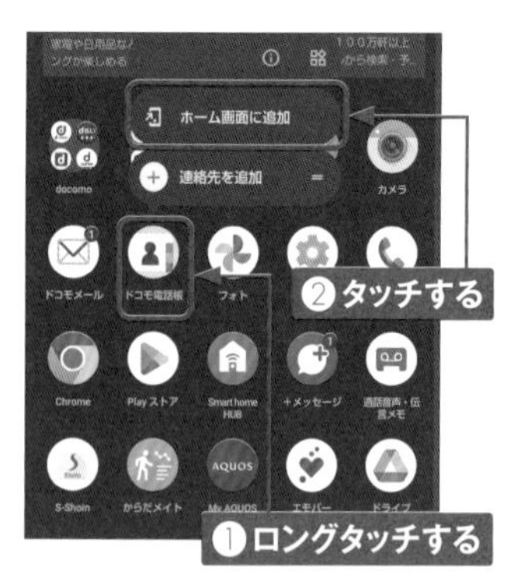

2 ホーム画面にアプリアイコンが追加されます。

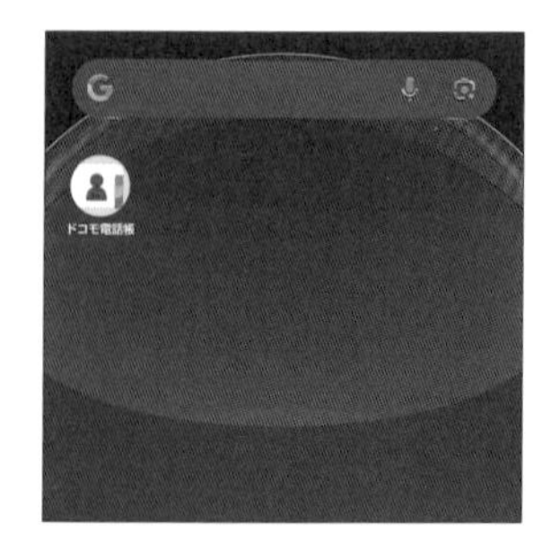

3 アプリアイコンをロングタッチしてそのままドラッグすると、好きな場所に移動することができます。

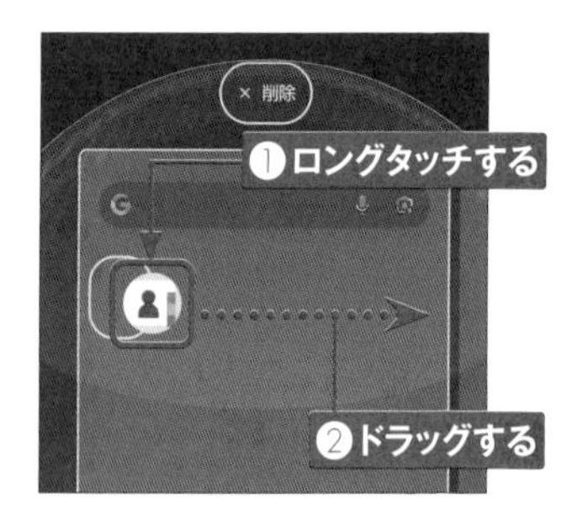

4 アプリアイコンをロングタッチして、画面上部に表示される[削除]までドラッグすると、アプリアイコンをホーム画面から削除することができます。

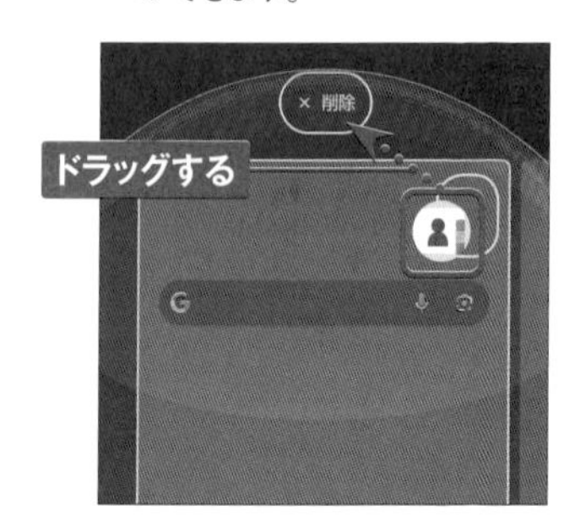

ホーム画面にフォルダを作成する

1 ホーム画面のアプリアイコンをロングタッチして、フォルダに追加したいほかのアプリアイコンの上にドラッグします。

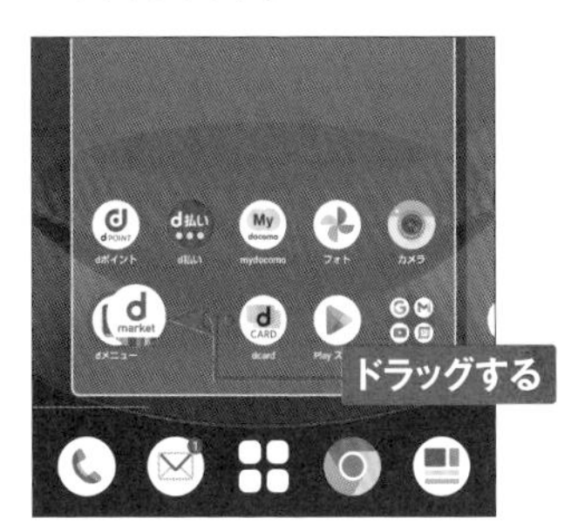

2 確認画面が表示されるので、[作成する] をタッチします。

3 フォルダが作成されます。

4 フォルダをタッチすると開いて、フォルダ内のアプリアイコンが表示されます。

5 手順④で［名前の編集］をタッチすると、フォルダに名前を付けることができます。

MEMO ドックのアイコンの入れ替え

ホーム画面下部にあるドックのアイコンは、入れ替えることができます。アイコンを任意の場所にドラッグし、代わりに配置したいアプリのアイコンを移動します。

Section 54

壁紙を変更する

ホーム画面では、撮影した写真など、SH-52D ／ SH-51D内に保存されている画像を壁紙に設定することができます。ロック画面の壁紙も同様の操作で変更することができます。

壁紙を変更する

1 ホーム画面の何もないところをロングタッチします。

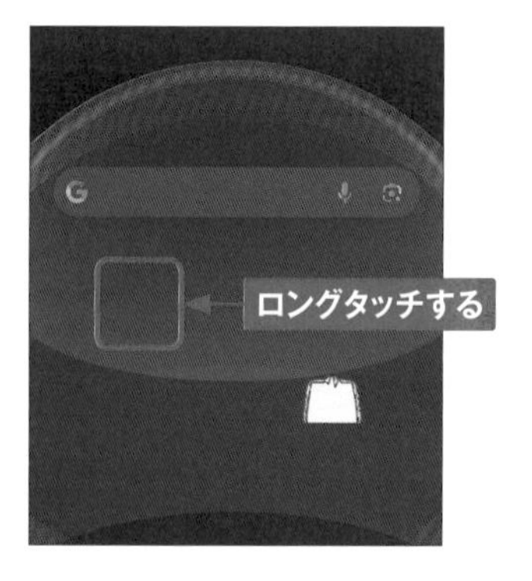

2 表示されたメニューの［壁紙］をタッチします。

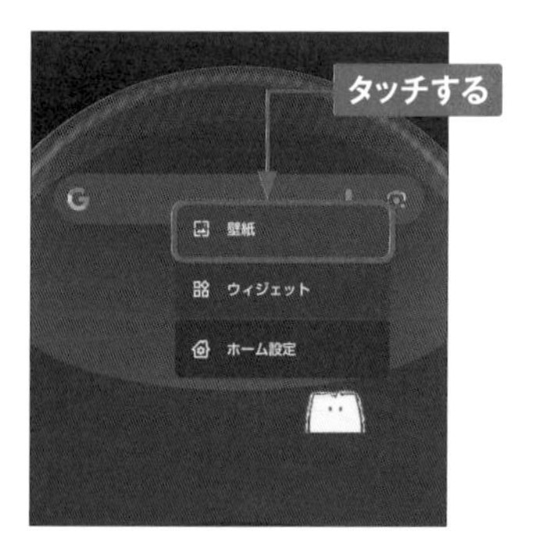

3 ［フォト］をタッチし、［1回のみ］または［常時］をタッチします。

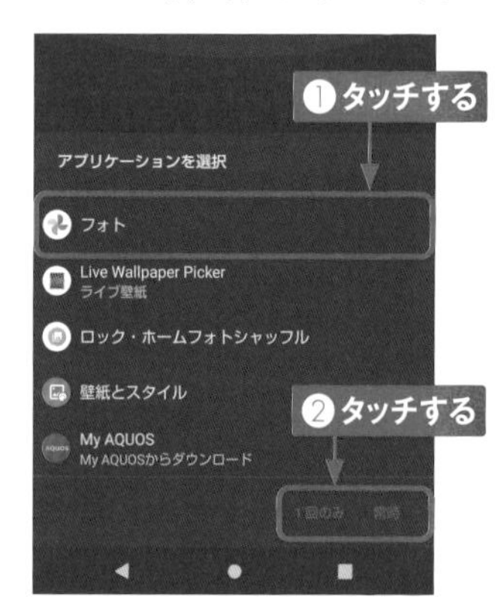

4 「写真を選択」画面では、ここでは［カメラ］をタッチします。

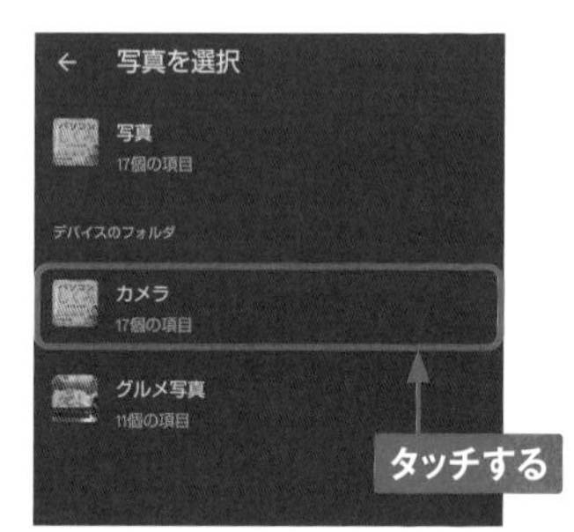

5 壁紙にする写真を選んでタッチします。許可に関する画面が表示されたら、[次へ]→[許可]の順でをタッチします。

6 表示された写真上を上下左右にドラッグして位置を調整し、[保存]をタッチします。

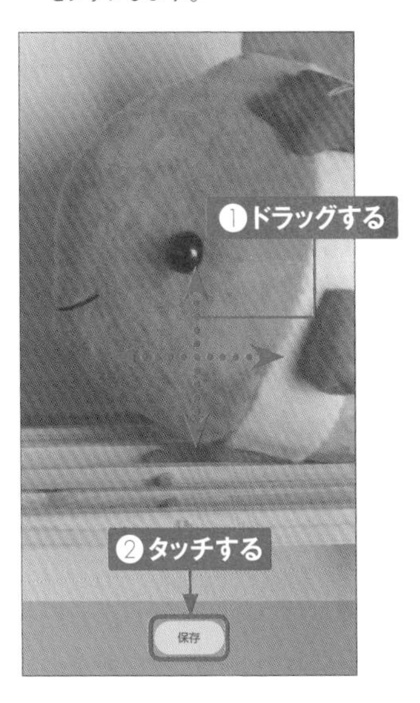

7 ここではホーム画面に壁紙を設定するので、[ホーム画面]をタッチします。[ロック画面]や[ホーム画面とロック画面]をタッチして、ロック画面の壁紙を設定することもできます。

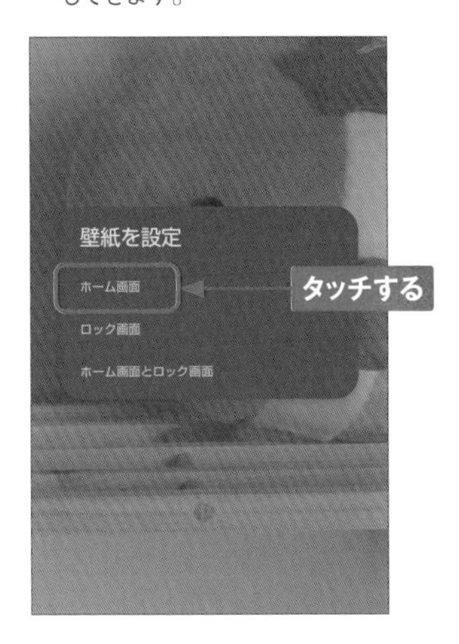

8 ホーム画面の壁紙に写真が表示されます。

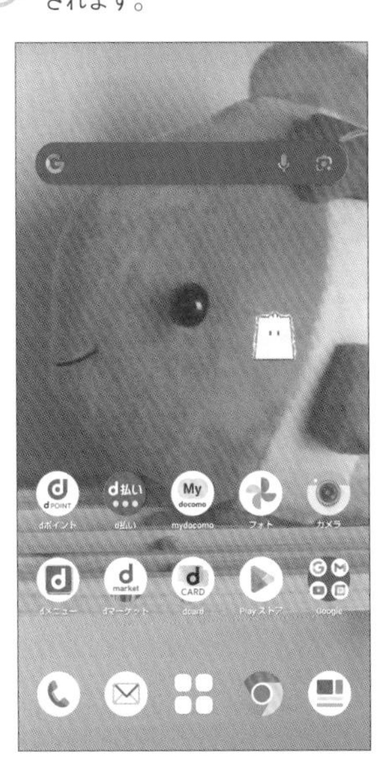

Section 55

不要な通知を表示しないようにする

通知はホーム画面やロック画面に表示されますが、アプリごとに通知のオン／オフを設定することができます。また、ステータスパネルから通知を選択して、通知をオフにすることもできます。

アプリからの通知をオフにする

1 設定メニューで［通知］→［アプリの設定］の順でタッチします。

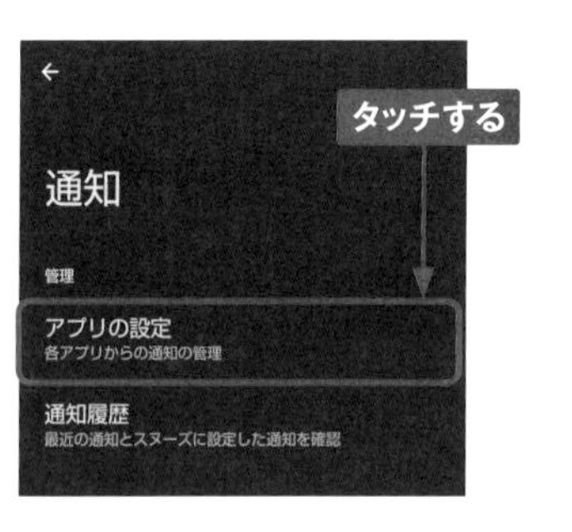

2 「アプリの通知」画面で［新しい順］→［すべてのアプリ］の順でタッチします。

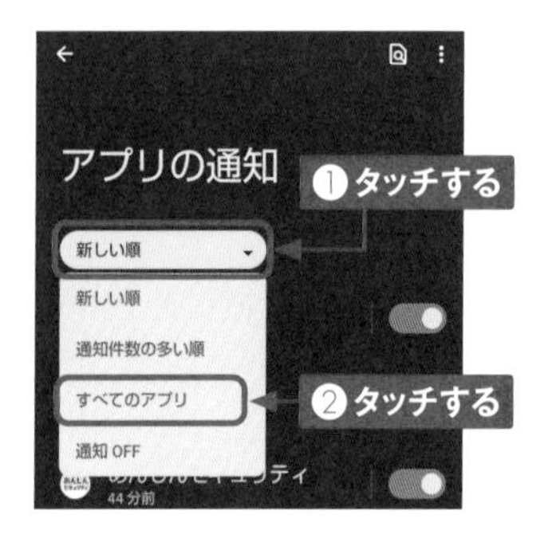

3 通知をオフにしたいアプリ（ここでは［+メッセージ］）をタッチします。

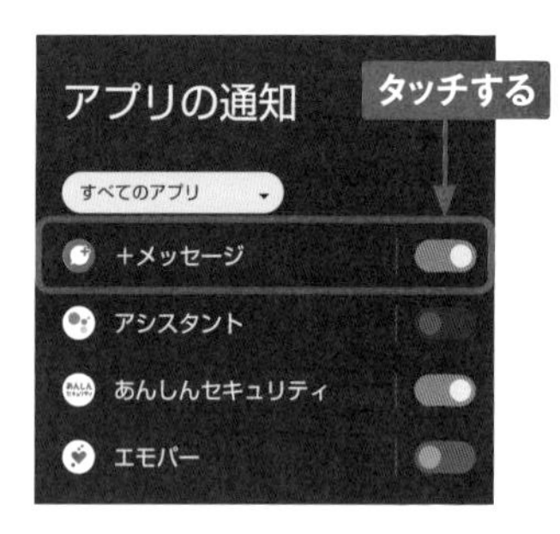

4 ［～のすべての通知］をタッチすると が に切り替わり、すべての通知が表示されなくなります。各項目をタッチして、個別に設定することもできます。

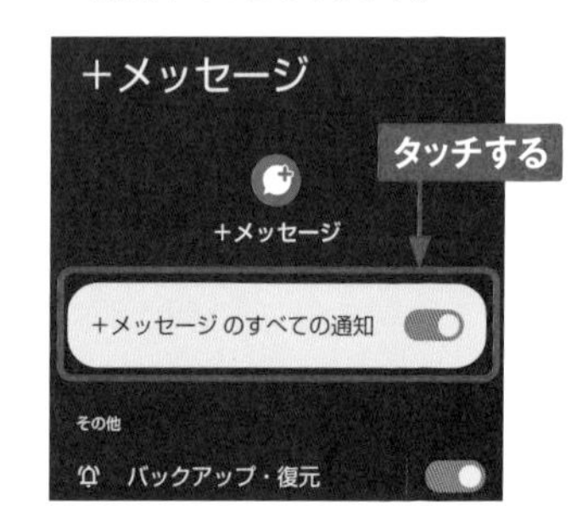

7

ロック画面に通知を表示しないようにする

1 設定メニューで［通知］をタッチし、「通知」画面を上方向にスクロールします。

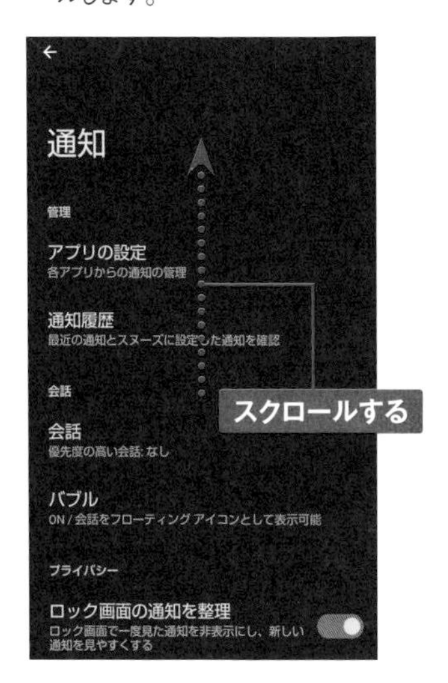

2 「プライバシー」の［ロック画面上の通知］をタッチします。

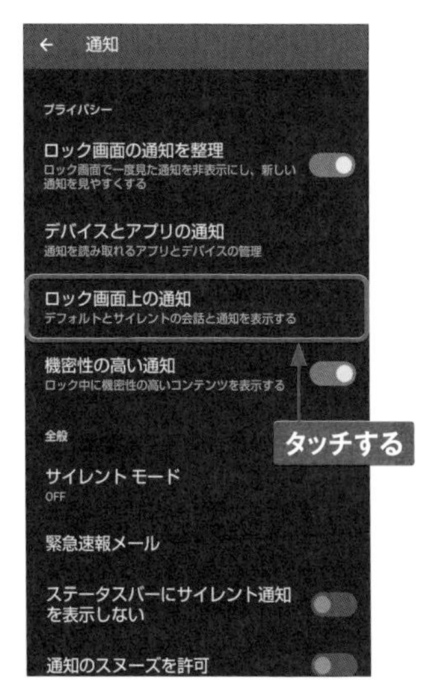

3 「ロック画面上の通知」画面で［通知を表示しない］をタッチします。

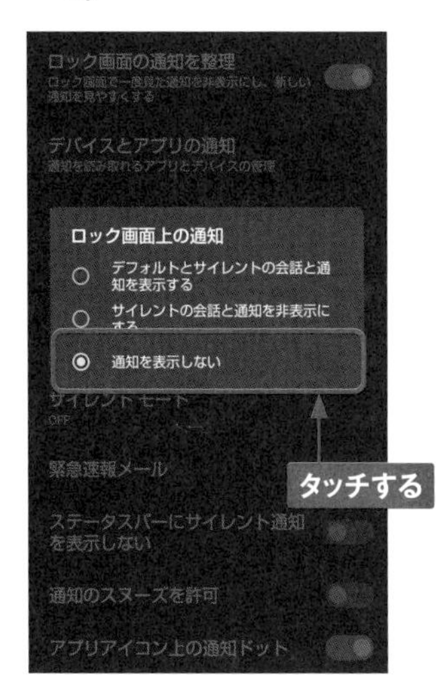

4 設定後、ロック画面には通知が表示されなくなります。これにより、電話の着信や予定など、第三者に見られたくない通知の表示を防止できます。

7

Section 56

画面ロックに暗証番号を設定する

SH-52D ／ SH-51Dは暗証番号（PIN）を使用して画面にロックをかけることができます。なお、ロック画面の通知の設定が行われるので、変更する場合はP.161を参照してください。

画面ロックに暗証番号を設定する

1 設定メニューを開いて、［セキュリティとプライバシー］→［デバイスのロック］→［画面ロック］の順にタッチします。

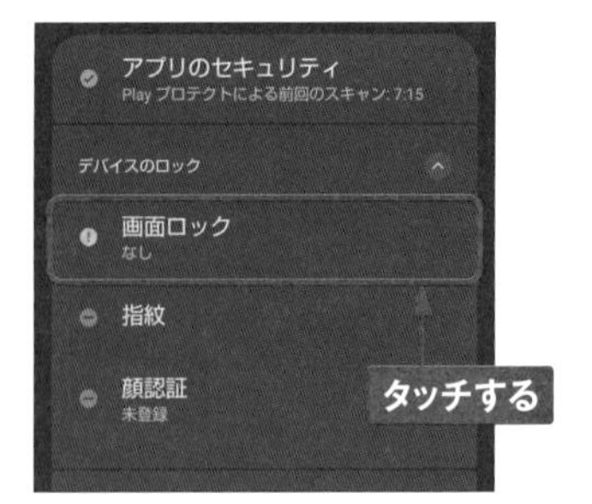

2 ［PIN］をタッチします。「PIN」とは画面ロックの解除に必要な暗証番号のことです。

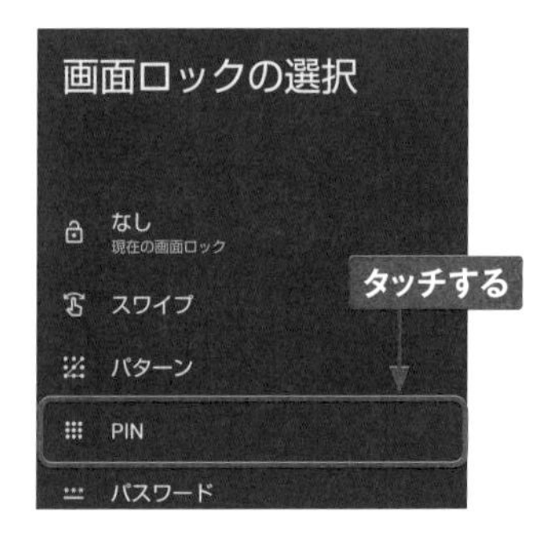

3 テンキーボードで4桁以上の数字を入力し、→|をタッチします。次の画面でも再度同じ数字を入力し、［確認］をタッチします。

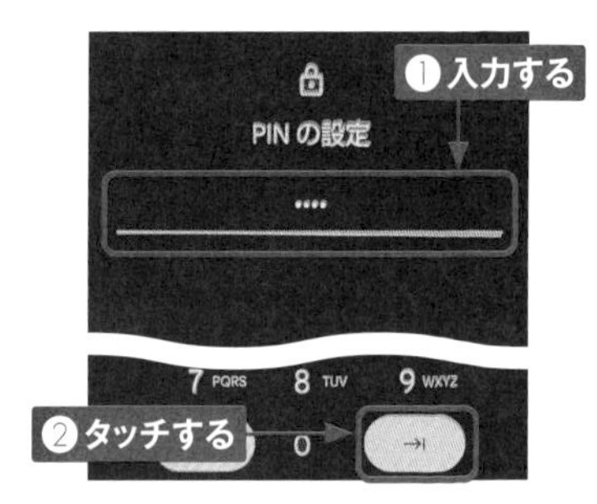

4 ロック画面の通知についての設定が表示されます。表示する内容をタッチしてオンにし、［完了］をタッチすると、設定完了です。

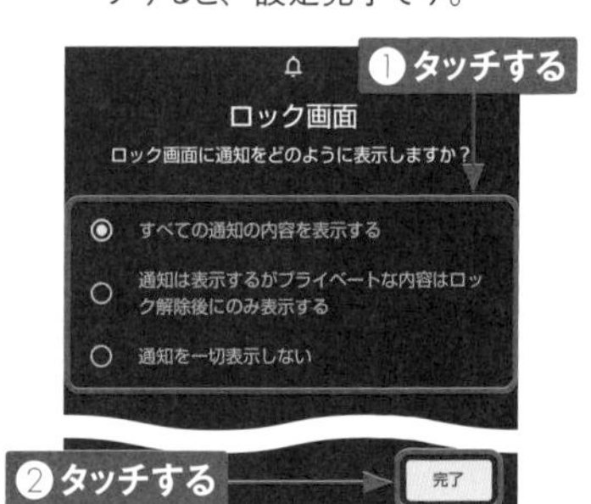

暗証番号で画面ロックを解除する

1 スリープモード（P.10参照）の状態で、電源キーを押します。

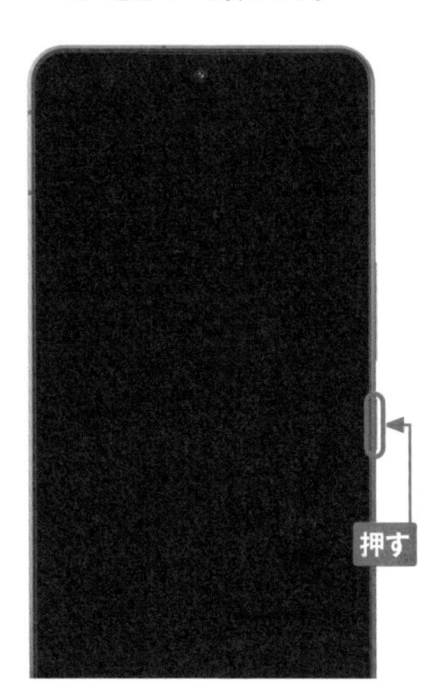

2 ロック画面が表示されます。画面を上方向にスワイプします。

3 P.162手順③で設定した暗証番号（PIN）を入力して→|をタッチすると、画面のロックが解除されます。

MEMO 暗証番号の変更

設定した暗証番号を変更するには、P.162手順①で［画面ロック］をタッチし、現在の暗証番号を入力して［次へ］をタッチします。表示される画面で［PIN］をタッチすると、暗証番号を再設定できます。暗証番号が設定されていない初期の状態に戻すには、［スワイプ］をタッチします。

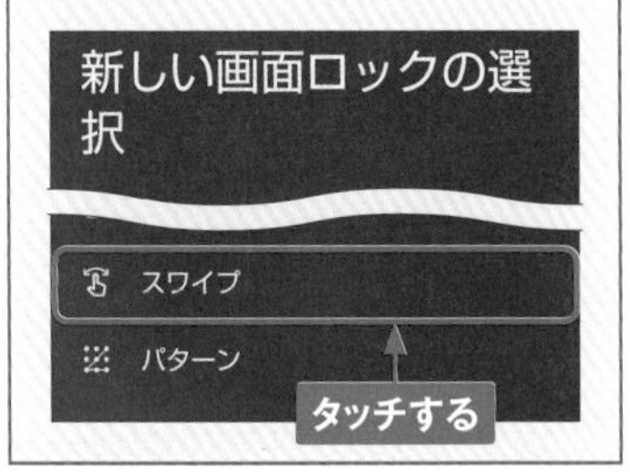

Section 57

指紋認証で画面ロックを解除する

SH-52D ／ SH-51Dは「指紋センサー」を使用して画面ロックを解除することができます。指紋認証の場合は、予備の解除方法を併用する必要があります。

指紋を登録する

1 設定メニューを開いて、［セキュリティとプライバシー］をタッチします。

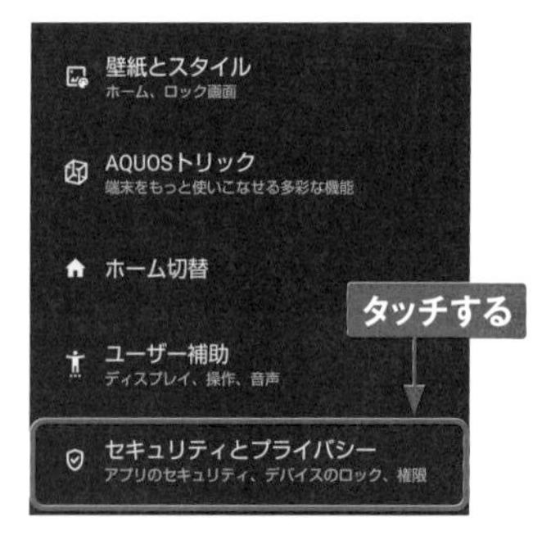

2 ［デバイスのロック］→［指紋］→［指紋登録］の順でタッチします。

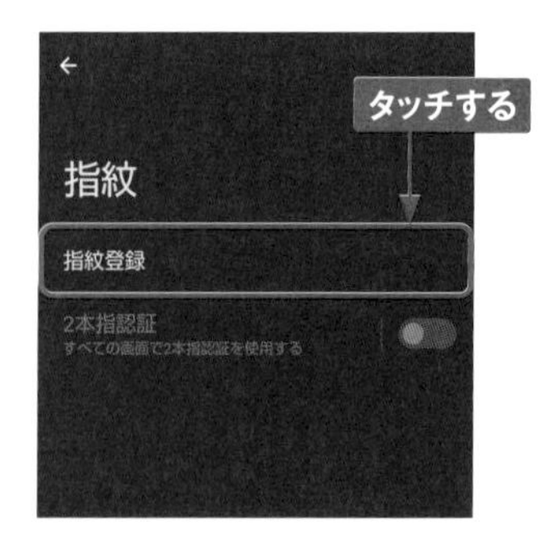

3 指紋は予備のロック解除方法と合わせて登録する必要があります。ロック解除方法を設定していない場合は、いずれかの解除方法を選択します。ここでは［指紋＋PIN］をタッチします。

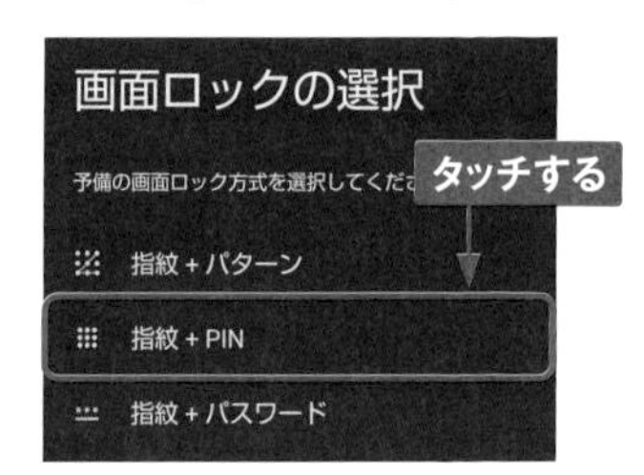

4 P.162手順③を参考に、暗証番号（PIN）を設定します。

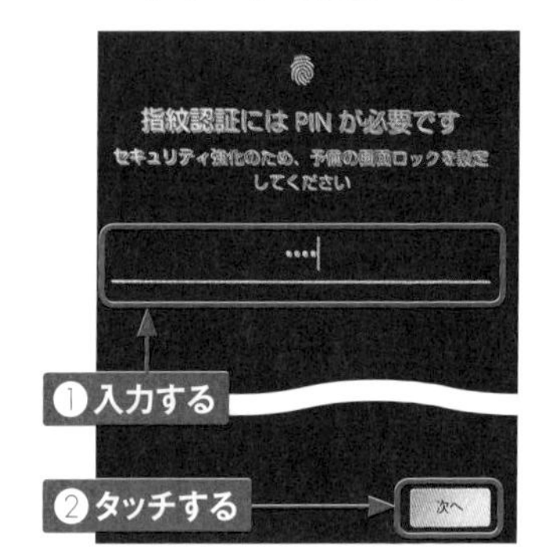

5 ロック画面に表示させる通知の種類をタッチして選択し、[完了] をタッチします。

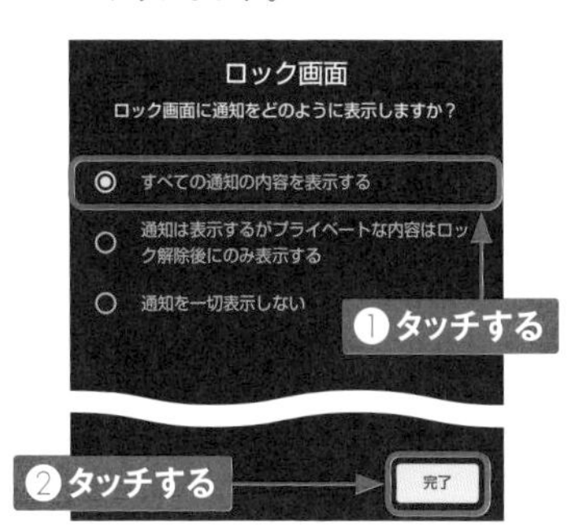

6 [同意する] → [次へ] の順にタッチします。

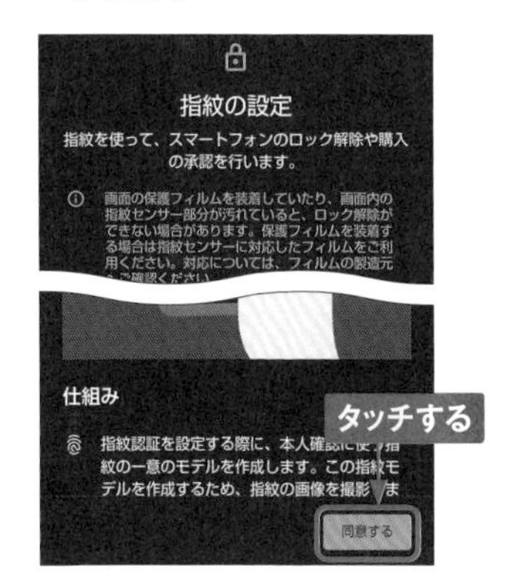

7 画面に表示された指紋センサーに指先を押し当て、本体が振動するまで静止します。

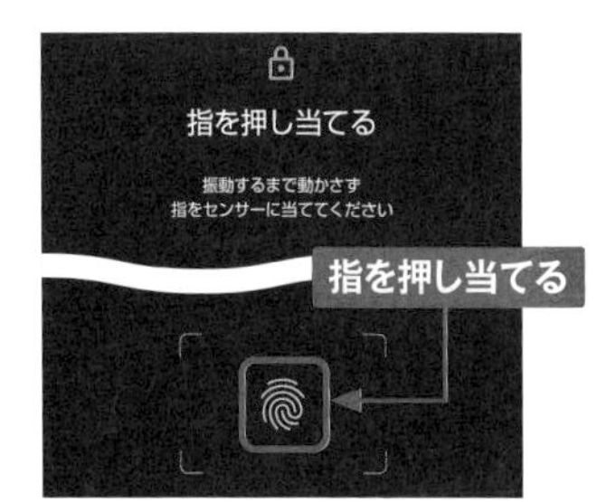

8 「指紋の登録完了」と表示されたら、[完了] をタッチします。

9 スリープ中やロック中の画面で、指紋を登録した指で指紋センサーに触れると、画面ロックが解除されます。指紋センサーは画面の中央からやや下（写真の指先の付近）にあります。

7

Section 58

顔認証で画面ロックを解除する

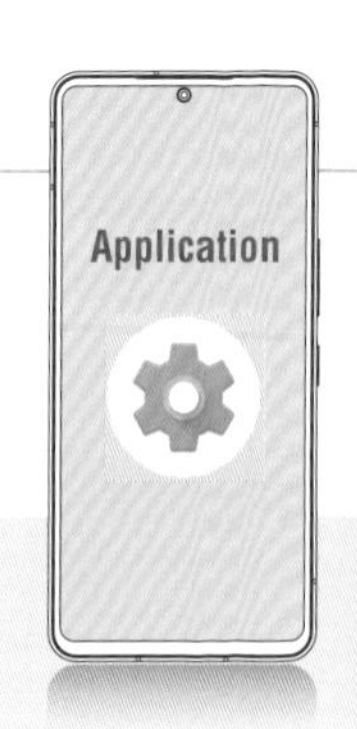

SH-52D ／ SH-51Dでは顔認証を利用してロックの解除などを行うこともできます。ロック画面を見るとすぐに解除するか、時計や通知を見てから解除するかを選択できます。

顔データを登録する

1 設定メニューを開いて、［セキュリティとプライバシー］→［デバイスのロック］→［顔認証］の順にタッチします。PINなど、予備の解除方法を設定していない場合は、P.162を参考に設定します。

2 「顔認証によるロック解除」画面が表示されます。［次へ］［OK］［アプリの使用時のみ］などをタッチして進みます。

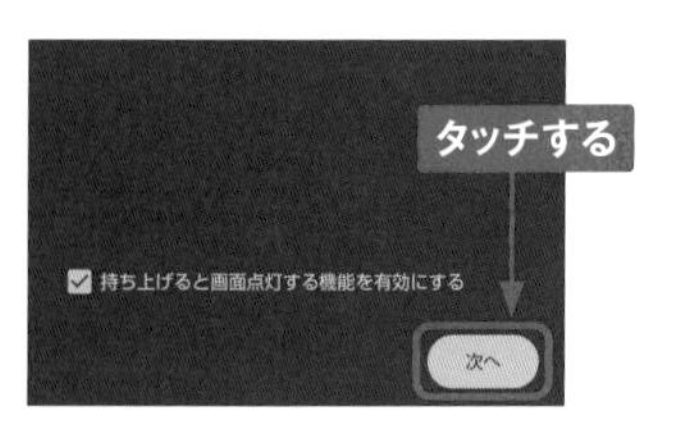

3 本体正面に顔をかざすと、自動的に認識されます。「マスクをしたままでも顔認証」画面が表示されたら、［有効にする］または［スキップ］をタッチします。

4 「ロック画面の解除タイミング」画面が表示されたら、［OK］をタッチします。

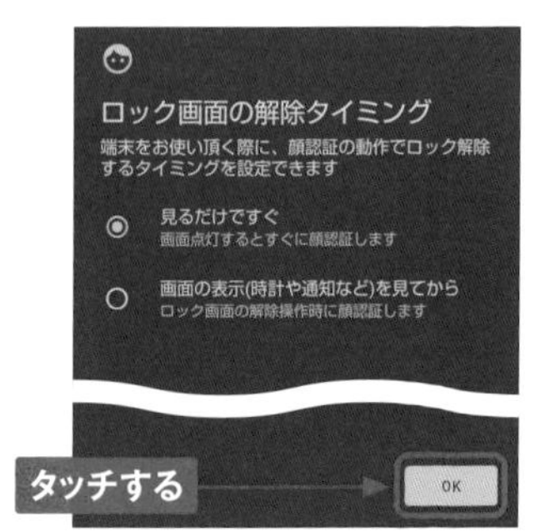

7

顔認証の設定を変更する

1 P.166手順①の画面を表示し、［顔認証］をタッチします。

2 顔認証と合わせて設定した、画面ロックの解除の操作を行います。

3 「顔認証」画面が表示されて、ロック解除のタイミングの設定や顔データの削除ができます。［マスクをしたままでも顔認証］をタッチすると、マスクをした状態での顔認証の可否を切り替えできます。

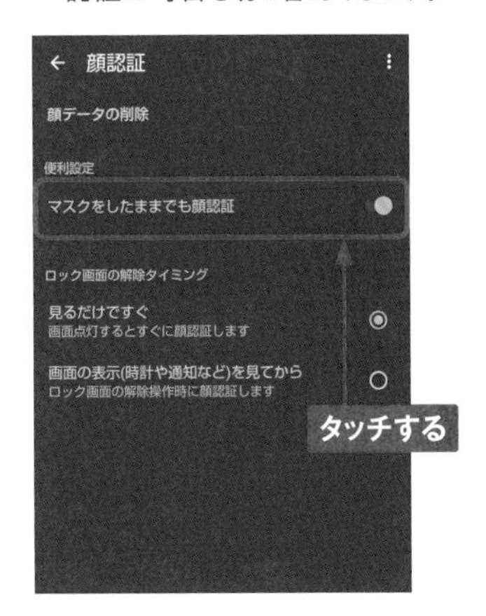

顔データの削除

顔データは1つしか登録できないため、顔データを更新したい場合は、登録済みの顔データを削除してから再登録する必要があります。手順③の画面で［顔データの削除］→［はい］の順にタッチすることで、顔データが削除されます。

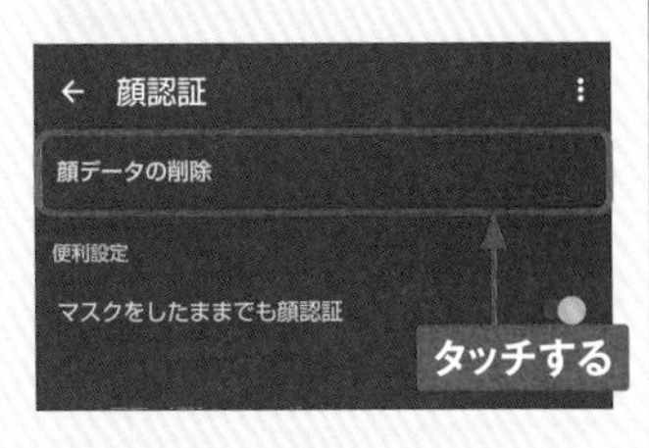

Section 59

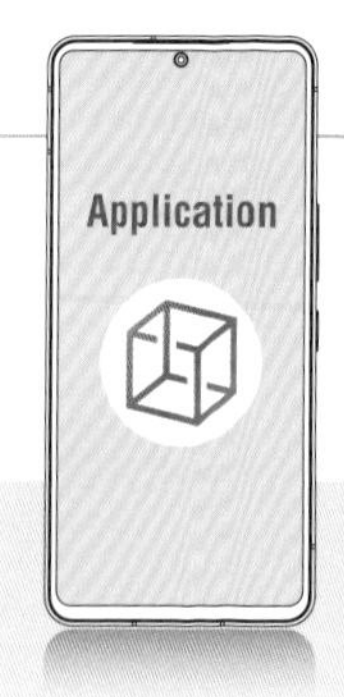

スクリーンショットを撮る

「Clip Now」を利用すると、画面をスクリーンショットで撮影（キャプチャ）して、そのまま画像として保存できます。画面の縁をなぞるだけでよいので、手軽にスクリーンショットが撮れます。

Clip Nowをオンにする

1 ホーム画面を左方向にフリックし、[AQUOSトリック]をタッチします。

2 「AQUOSトリック」画面で［Clip Now］をタッチします。説明が表示されたら［閉じる］をタッチします。

3 ［Clip Now］をタッチしてオンにします。アクセス許可に関する画面が表示されたら、［次へ］や［許可］をタッチします。

MEMO キーを押してスクリーンショットを撮る

音量キーの下側と電源キーを同時に1秒以上長押しして、画面のスクリーンショットを撮ることもできます。スクリーンショットは本体内の「Pictures」－「Screenshots」フォルダに画像ファイルとして保存され、「フォト」アプリなどで見ることができます。

スクリーンショットを撮る

1 画面の左上端または右上端をロングタッチします。

2 バイブレーターが作動して本体が2回震えたら、指を離します。

3 キャプチャが実行されると、画面左下にサムネイルが表示されます。

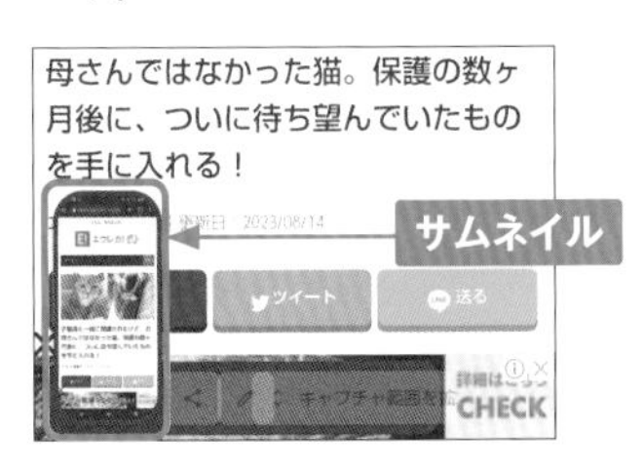

4 「フォト」アプリを起動して、[ライブラリ] → [Screenshots] の順でタッチします。

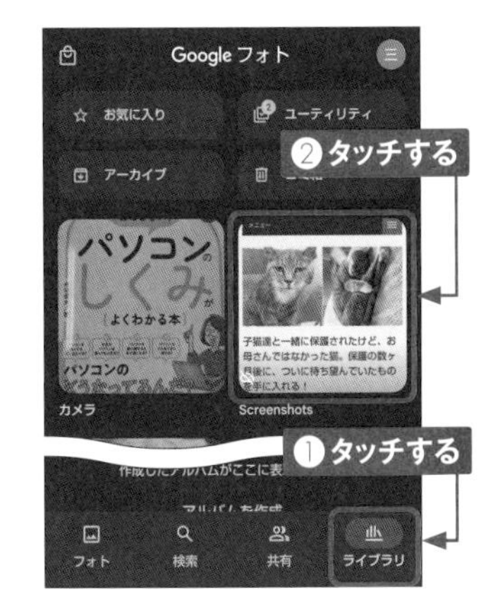

5 スクリーンショットの画像のアイコンが表示されます。アイコンをタッチすると、画像が表示されます。

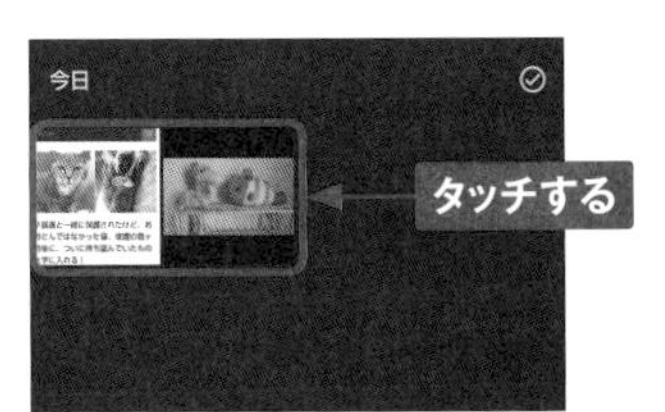

Section 60

スリープモードになるまでの時間を変更する

SH-52D ／ SH-51Dの初期設定では、何も操作をしないと30秒でスリープモード（P.10）になるよう設定されています。スリープモードになるまでの時間は変更できます。

スリープモードになるまでの時間を変更する

① 設定メニューで［ディスプレイ］をタッチします。

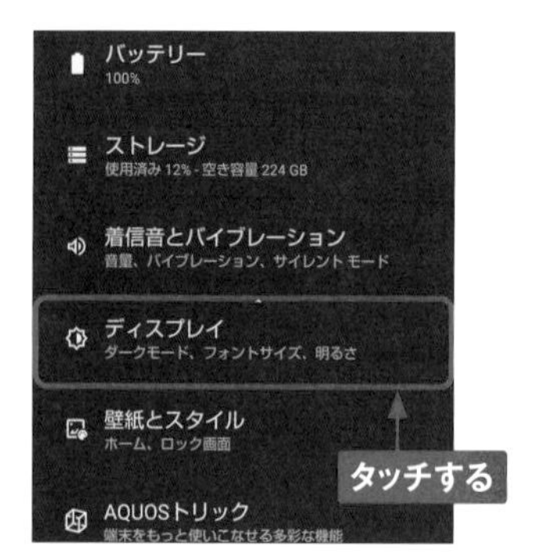

② ［画面消灯（スリープ）］をタッチします。

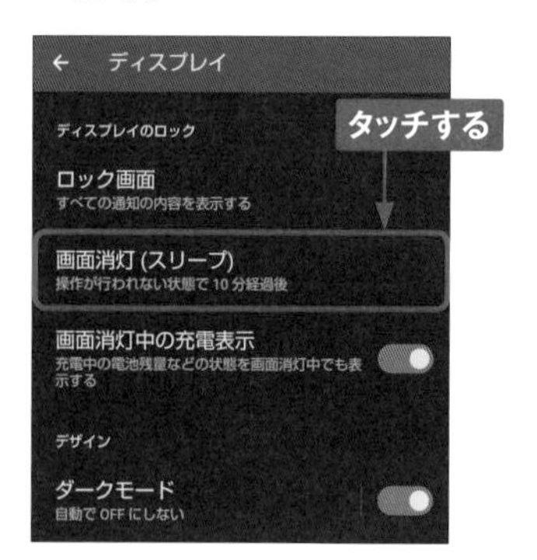

③ スリープモードになるまでの時間は7段階から選択できます。

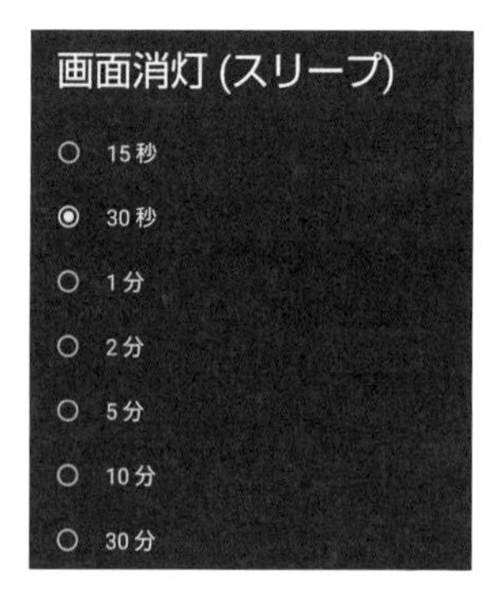

④ スリープモードに移行するまでの時間をタッチして設定します。

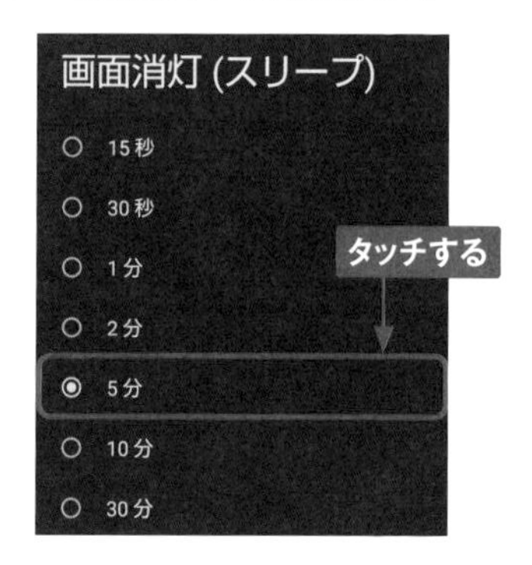

Section 61

リラックスビューを設定する

「リラックスビュー」を設定すると、画面が黄色味がかった色合いになり、薄明りの中でも画面が見やすくなって、目が疲れにくくなります。暗い室内で使うと効果的です。

リラックスビューを設定する

1 P.170手順②の画面で［リラックスビュー］をタッチします。

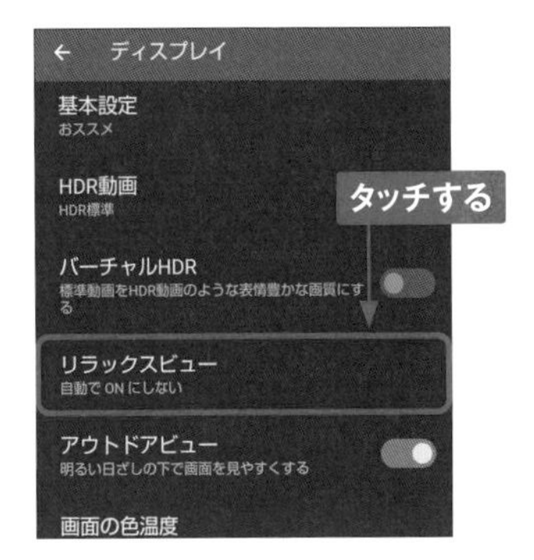

2 表示された画面で［リラックスビューを使用］をタッチすると、リラックスビューが有効になります。

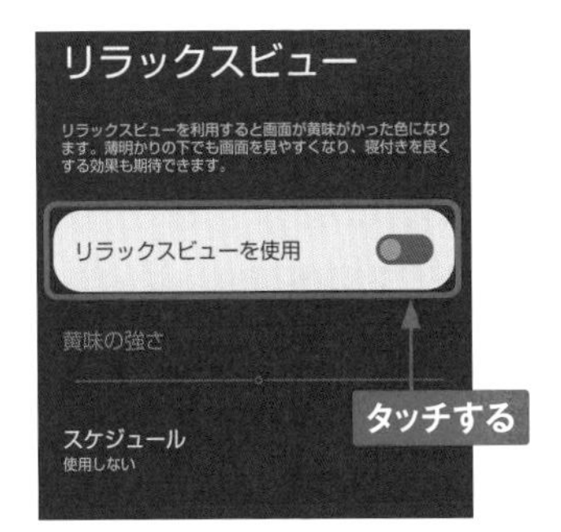

3 「輝度の強さ」の○を左右にドラッグすることで、色合いを調節できます。

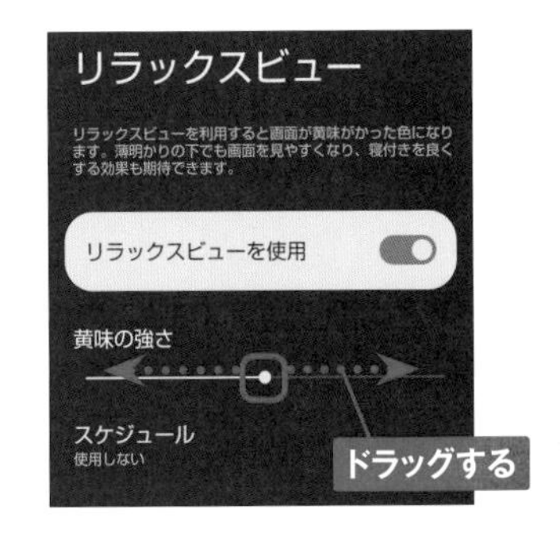

MEMO **リラックスビューの自動設定**

手順②または手順③の画面で［スケジュール］をタッチすると、リラックスビューに切り替えるタイミングや時間を設定できます。

Section 62

電源キーの長押しで起動するアプリを変更する

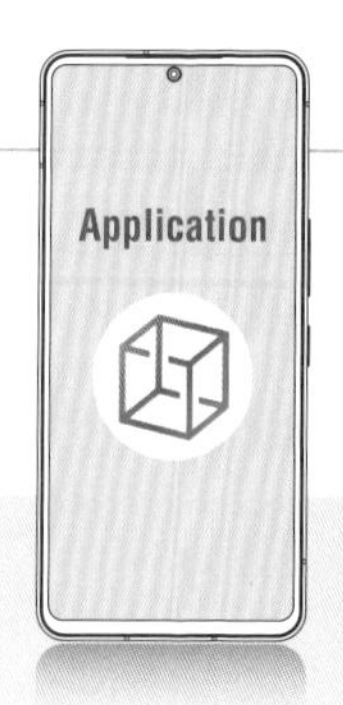

SH-52D ／ SH-51Dの操作中に電源キーを長押しすると、初期状態では「アシスタント」アプリが起動します。設定を変更して、よく使うアプリを電源キーから起動できるようにすると便利です。

クイック操作を設定する

1 ホーム画面を左方向にフリックし、[AQUOSトリック]をタッチします。

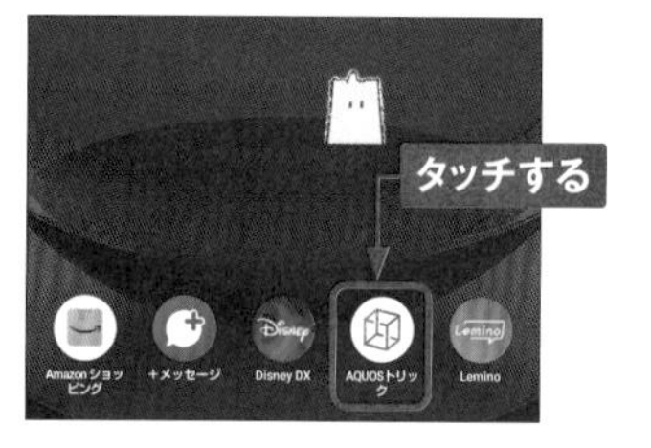

2 「AQUOSトリック」画面で［クイック操作］をタッチします。

3 ［長押しでアプリ起動］をタッチします。

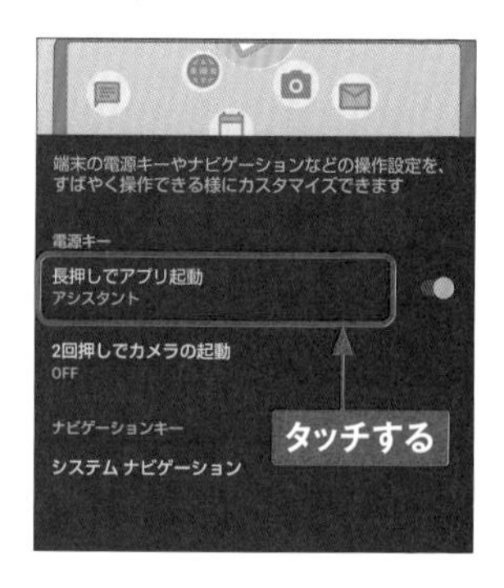

4 電源キーを長押しすると起動するアプリを選んでタッチします。

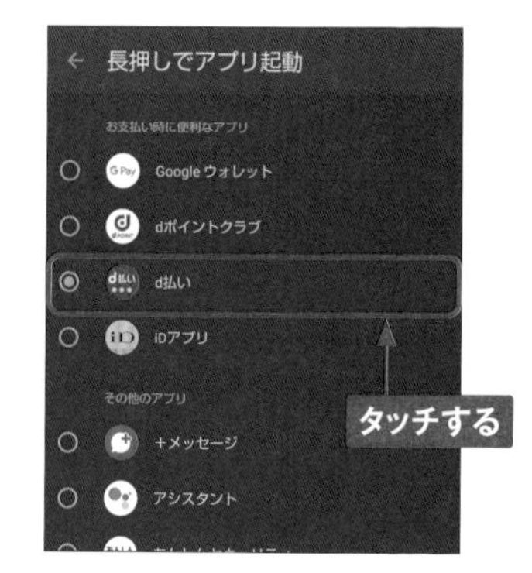

7

Section 63

アプリのアクセス許可を変更する

アプリの初回起動時にアクセスを許可していない場合、そのアプリが正常に動作しない可能性があります（P.20MEMO参照）。ここでは、アプリのアクセス許可を変更する方法を紹介します。

アプリのアクセスを許可する

1 設定メニューを開いて、［アプリ］をタッチします。「アプリ」画面で［××個のアプリをすべて表示］をタッチします。

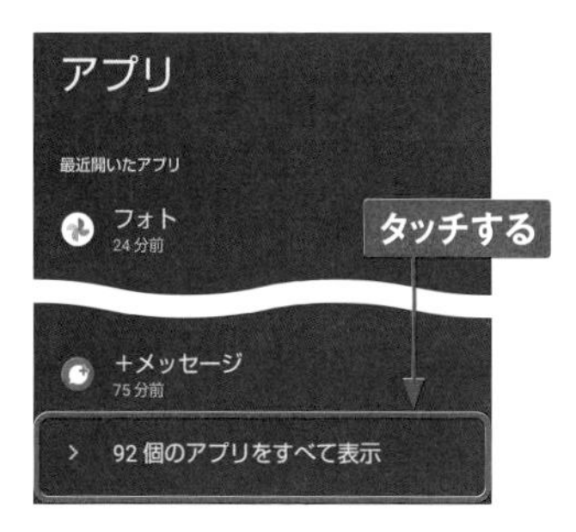

2 「すべてのアプリ」画面が表示されたら、アクセス許可を変更したいアプリ（ここでは［+メッセージ］）をタッチします。

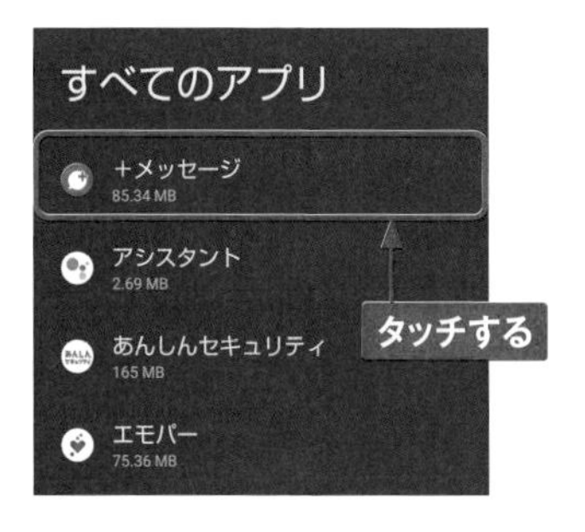

3 「アプリ情報」画面が表示されたら、［権限］をタッチします。

4 「アプリの権限」画面が表示されたら、アクセスを許可する項目をタッチしてオンに切り替えます。

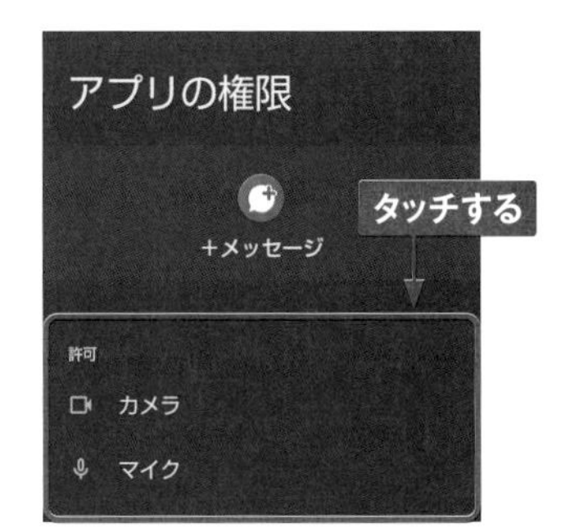

7

Section 64

エモパーを活用する

SH-52D ／ SH-51Dには、天気やイベントの情報などを話したり、画面に表示したりして伝えてくれる「エモパー」機能が搭載されています。エモパーを使って音声でメモをとることもできます。

エモパーの初期設定をする

1 アプリ一覧画面で［エモパー］をタッチして起動します。画面を左方向に4回フリックし、［エモパーを設定する］をタッチします。「エモパーを選ぼう」画面が表示されたら、性別やキャラクターの1つをタッチして、［次へ］をタッチします。

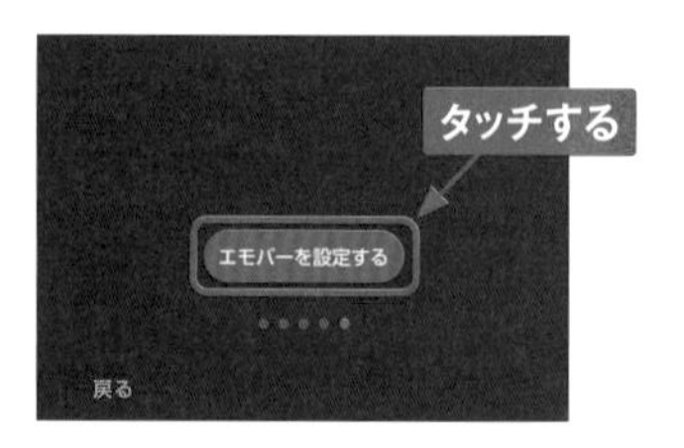

2 ひらがなで名前を入力し、［次へ］をタッチします。

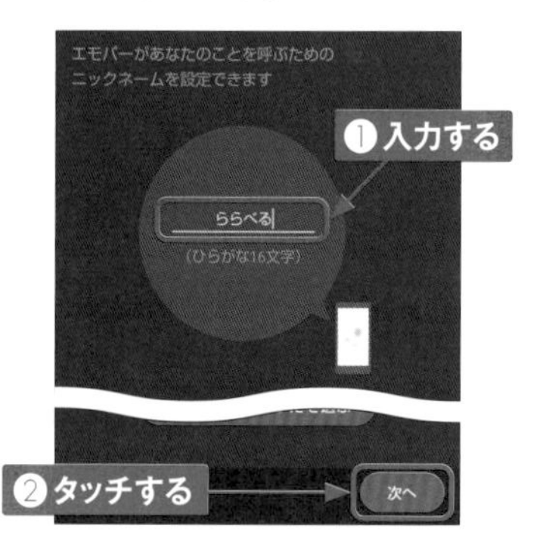

3 あなたのプロフィールを設定し、［次へ］をタッチします。

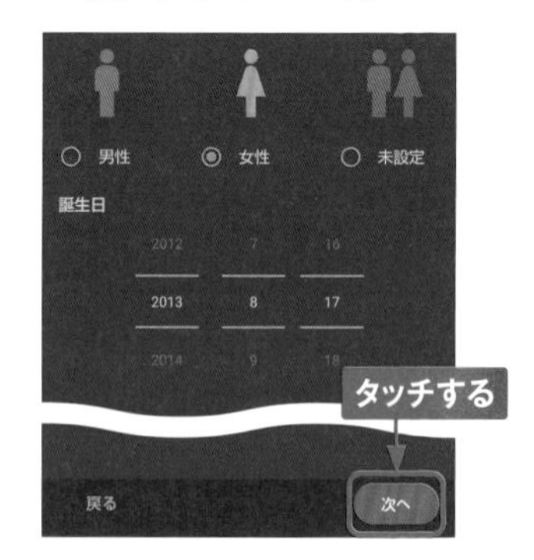

4 興味のある話題をタッチしてチェックを付け、［次へ］をタッチします。アクセス許可に関する画面が表示されたら、［アプリの使用時のみ］をタッチします。

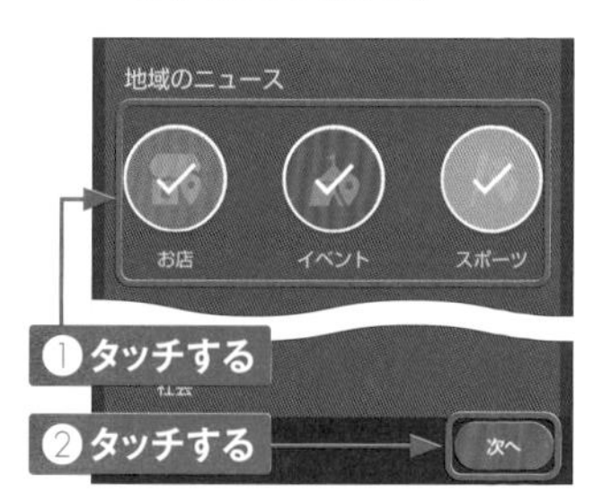

5 自宅を設定します。住所や郵便番号を入力して🔍をタッチします。

6 自宅の位置をタッチし、[次へ]をタッチします。以降は、画面の指示に従って設定を進めます。

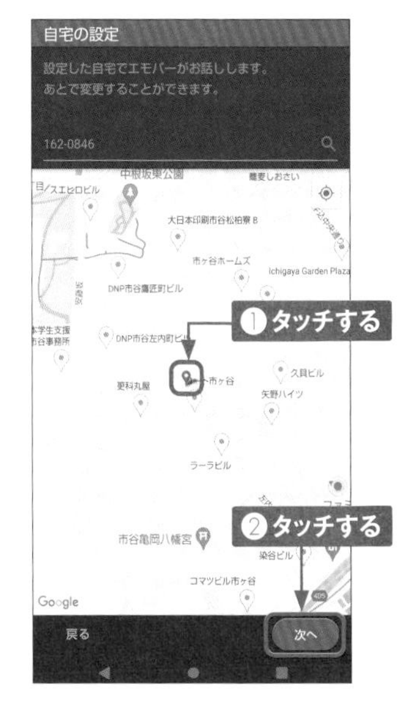

7 「利用規約」画面で[同意する]→[完了]の順でタッチします。COCORO MEMBERSに関する画面で[いますぐ使う(スキップ)]をタッチし、以降は画面の指示に従って許可設定を行います。

8 ロック画面にニュースやスポットの情報などが表示されるようになります。

MEMO エモパーのしゃべるタイミング

エモパーは、「自宅で、ロック画面中や画面消灯中に端末を水平に置いたとき」「ロック画面で2秒以上振ったとき」「充電を開始／終了したとき」などにしゃべります。基本的にはエモパーがしゃべる場所は自宅のみです。なお、エモパーがしゃべっている最中に本体を裏返すと、エモパーはしゃべるのをやめます。

エモパーを利用する

1 ロック画面の天気やイベントなどの表示をロングタッチします。

2 情報がプレビュー表示されます。手順①で天気やイベントを2回タッチすると、詳細な情報を見ることができます。

3 P.175手順⑤〜⑥で自宅に設定した場所で、ロック画面を右方向にフリックすると、「エモパー」画面が表示されます。

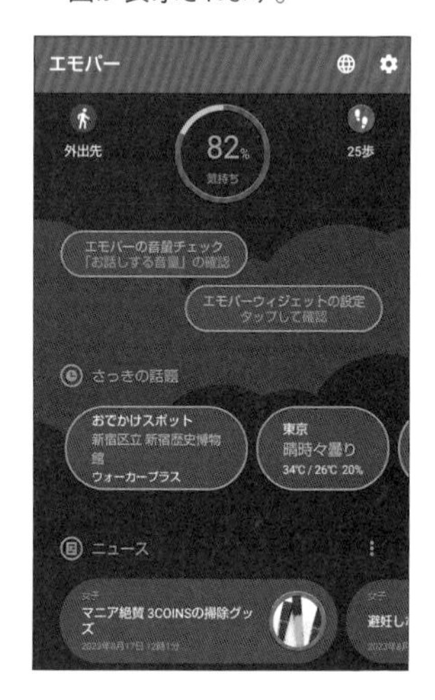

4 エモパー画面を上方向にフリックし、バブルをタッチすると詳しい情報を見ることができます。

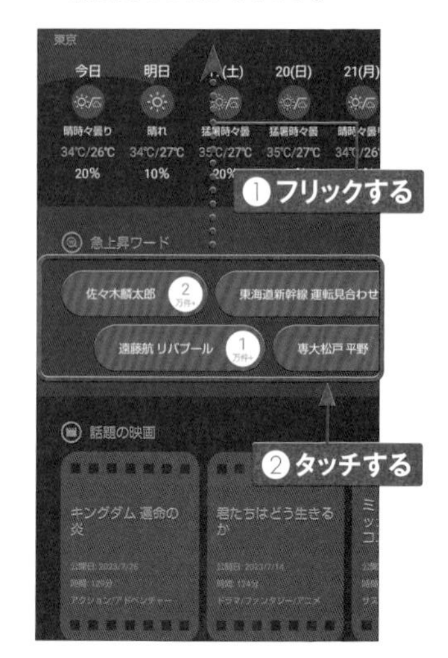

Section 65

画面のダークモードをオフにする

初期状態のSH-52D ／ SH-51Dでは、黒基調のダークモードが適用されています。目にやさしく、消費電力も抑えられます。この画面が好みでない場合は、ダークモードをオフにしましょう。

ダークモードをオフにする

① 設定メニューで［ディスプレイ］をタッチします。

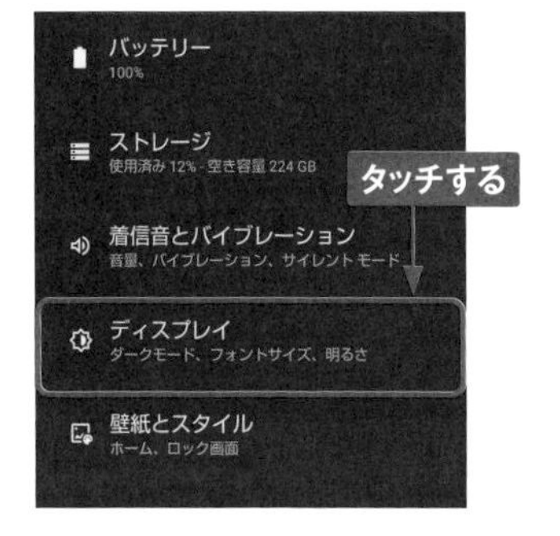

② 「デザイン」の［ダークモード］のをタッチします。

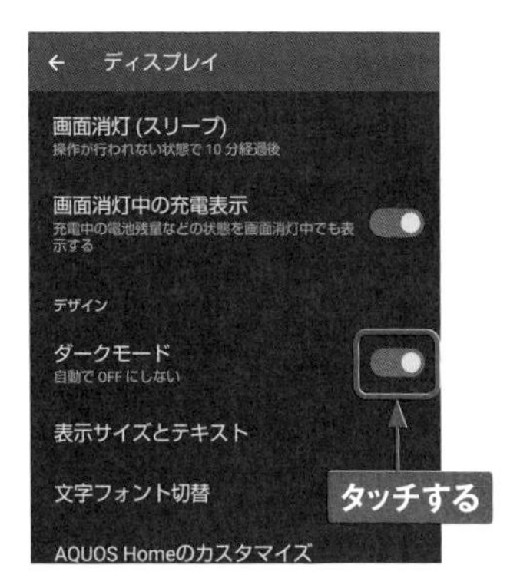

③ スイッチがに切り替わり、ダークモードがオフになります。

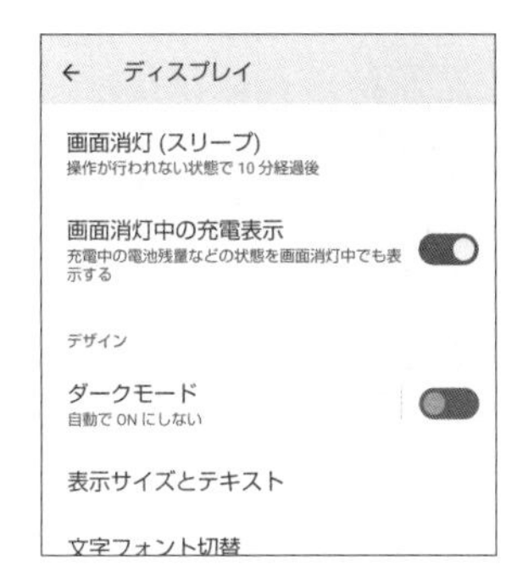

④ ダークモードがオフになると、設定メニュー、クイック検索ボックス、フォルダの背景、対応したアプリの画面などが白地で表示されます。

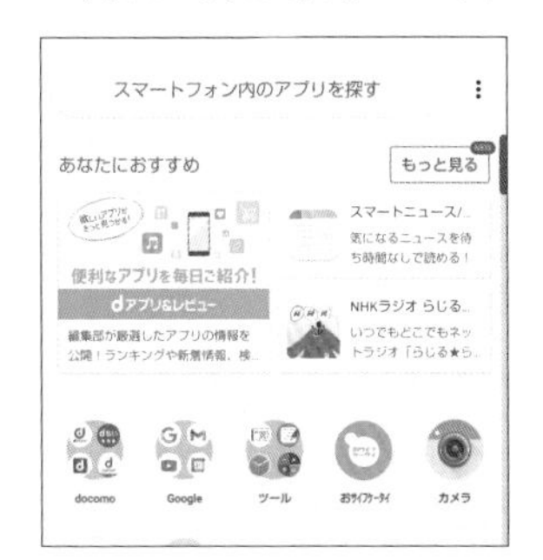

Section 66

おサイフケータイを設定する

SH-52D ／ SH-51Dはおサイフケータイ機能を搭載しています。電子マネーの楽天Edy、WAON、QUICPay、モバイルSuica、各種ポイントサービス、クーポンサービスに対応しています。

おサイフケータイの初期設定をする

1 アプリ一覧画面の「ツール」フォルダを開き、[おサイフケータイ] をタッチします。

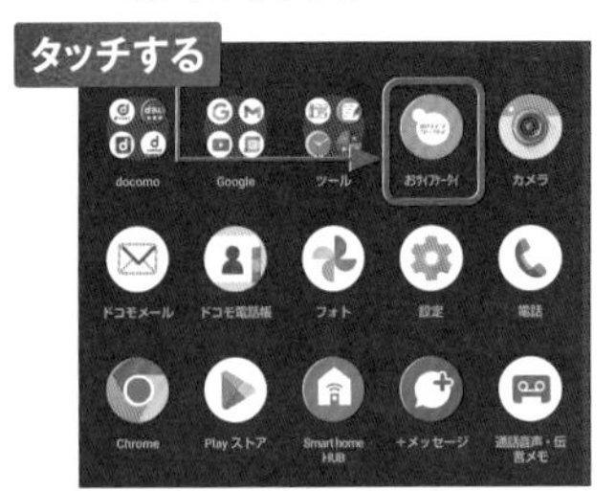

2 初回起動時はアプリの案内が表示されるので、[次へ] をタッチします。続いて、利用規約が表示されるので、「同意する」にチェックを付け、[次へ] をタッチします。「初期設定完了」と表示されたら [次へ] をタッチします。

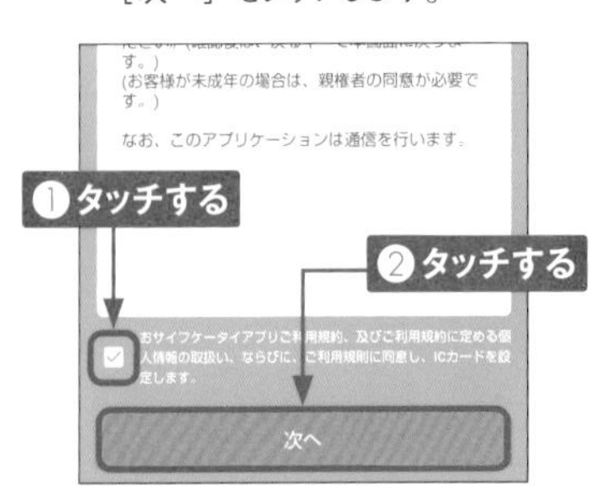

3 「Googleでログイン」についての画面が表示されたら、[次へ] をタッチします。

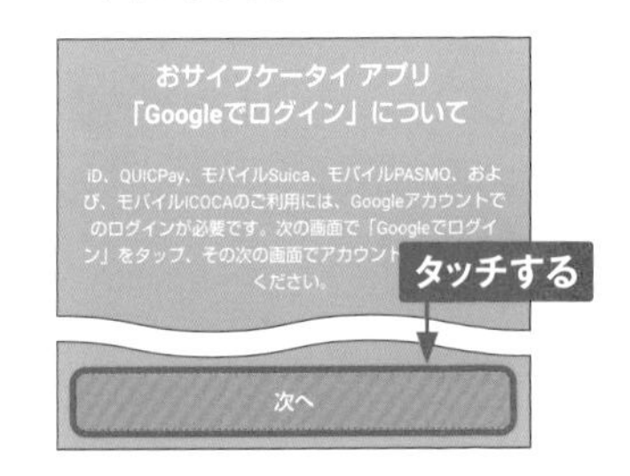

4 Googleアカウントでのログインを促す画面が表示されたら、[ログインはあとで] をタッチします。キャンペーンのお知らせの画面で [次へ] をタッチし、[許可] をタッチします。

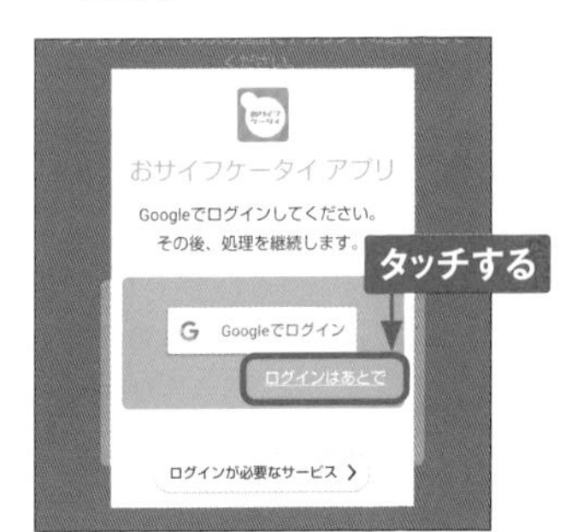

5 サービスの一覧が表示されます。ここでは、［楽天Edy］をタッチします。

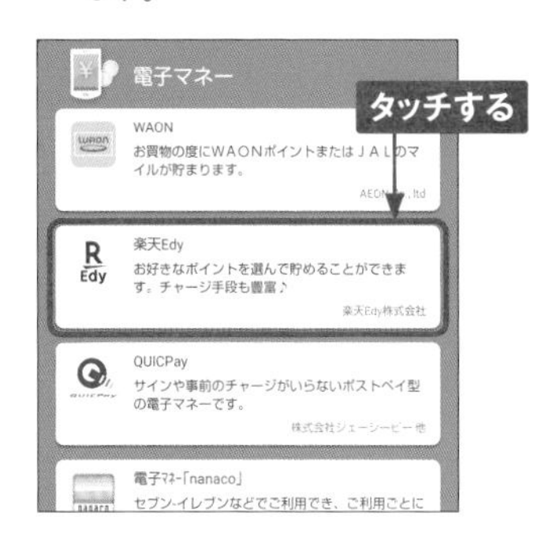

6 詳細が表示されるので、［サイトへ接続］をタッチします。

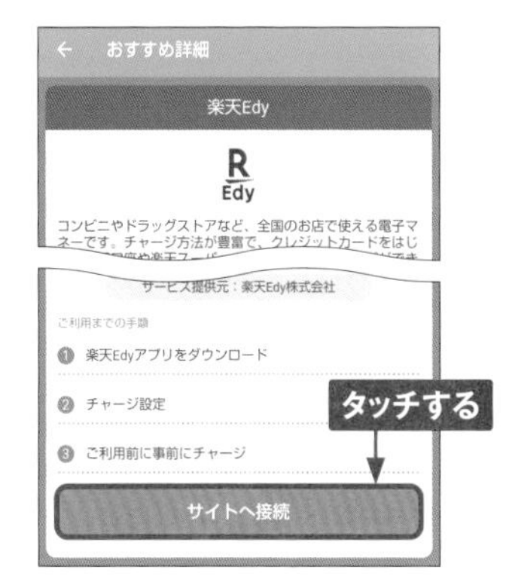

7 「Playストア」アプリの画面が表示されます。［インストール］をタッチします。

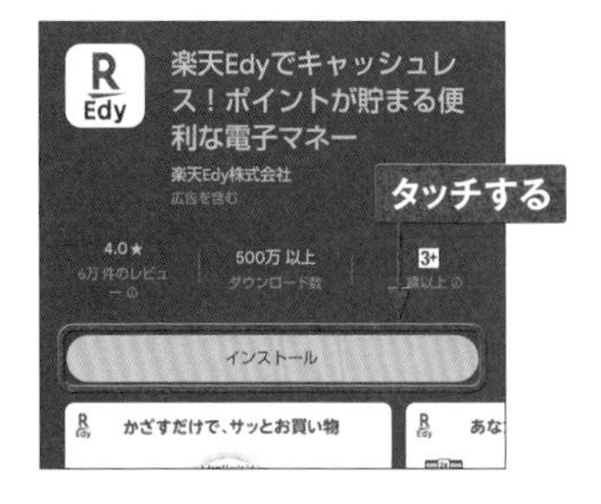

8 インストールが完了したら、［開く］をタッチします。

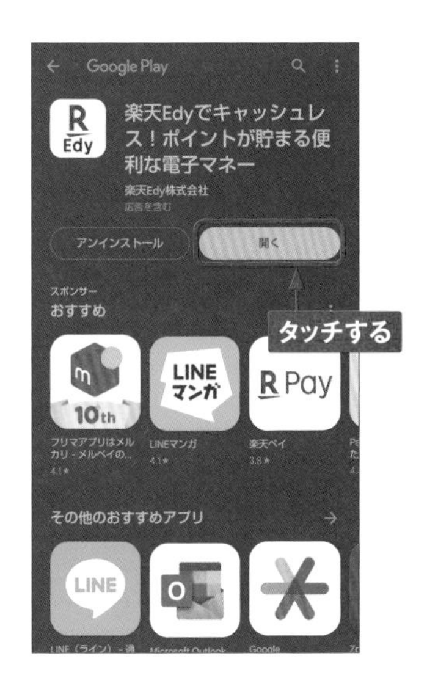

9 「楽天Edy」アプリの初期設定画面が表示されます。画面の指示に従って初期設定を行います。

Section 67

バッテリーや通信量の消費を抑える

「長エネスイッチ」や「データセーバー」をオンにすると、バッテリーや通信量の消費を抑えることができます。状況に応じて活用し、肝心なときにバッテリー切れということがないようにしましょう。

長エネスイッチをオンにする

① 設定メニューを開いて、[バッテリー]をタッチします。

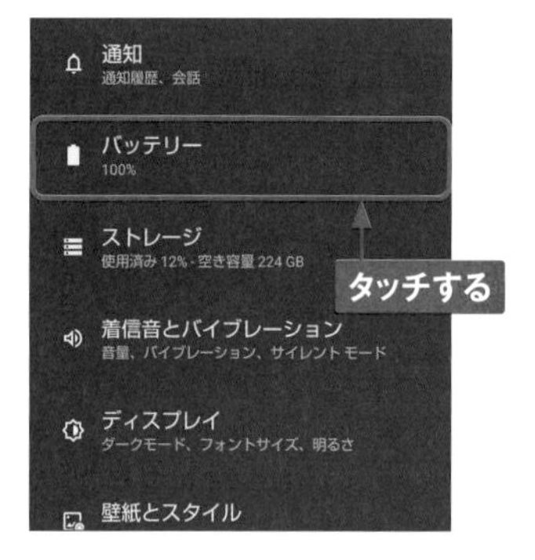

② [長エネスイッチ]をタッチします。

③ [長エネスイッチの使用]をタッチしてオンにします。なお、充電中は長エネスイッチをオンにできません。

④ 確認画面で[ONにする]をタッチします。手順③の画面で制限したくない項目をタッチしてオフにできます。

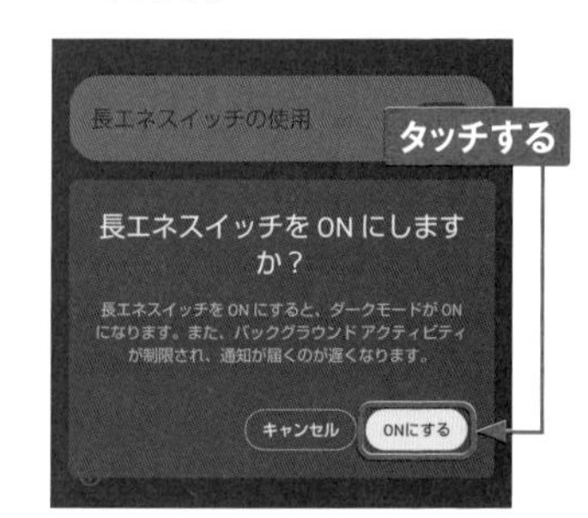

データセーバーをオンにする

1 設定メニューを開いて、[ネットワークとインターネット] をタッチします。

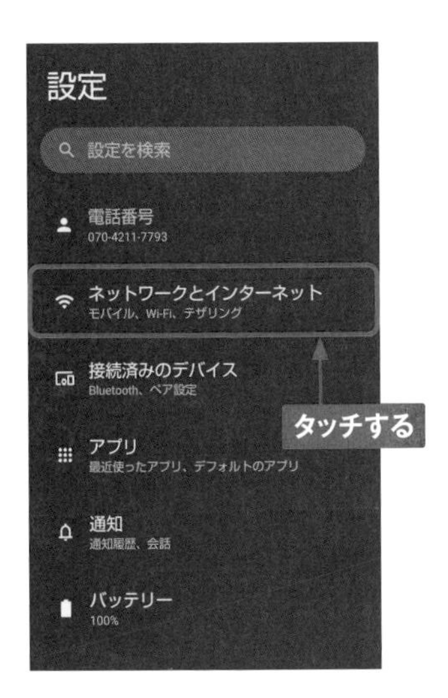

2 [データセーバー] をタッチします。

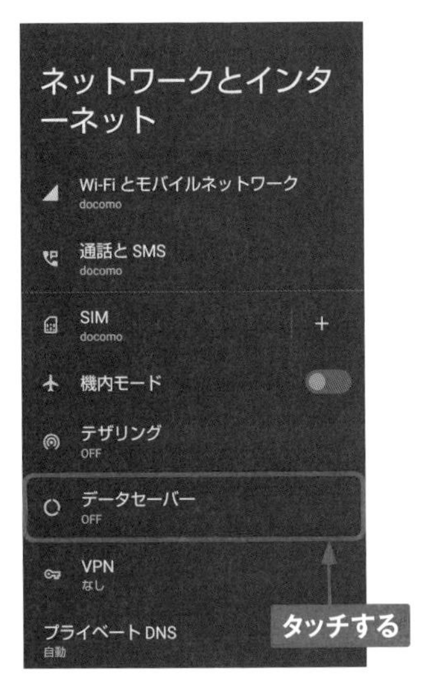

3 [データセーバーを使用] をタッチしてオンにします。[モバイルデータの無制限利用] をタッチします。

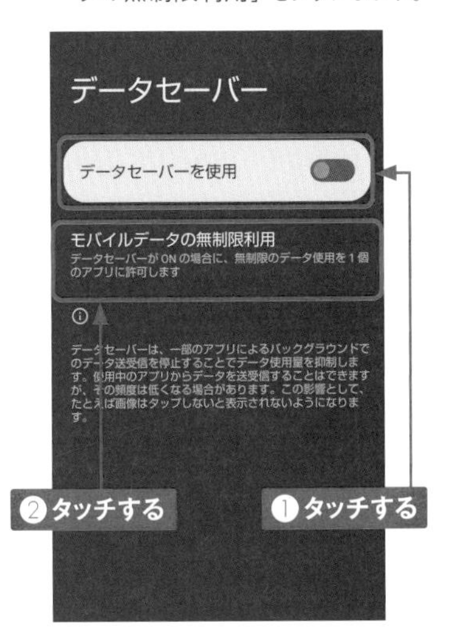

4 バックグラウンドでの通信を停止するアプリが表示されます。常に通信を許可したいアプリがある場合は、アプリ名をタッチしてオンにします。

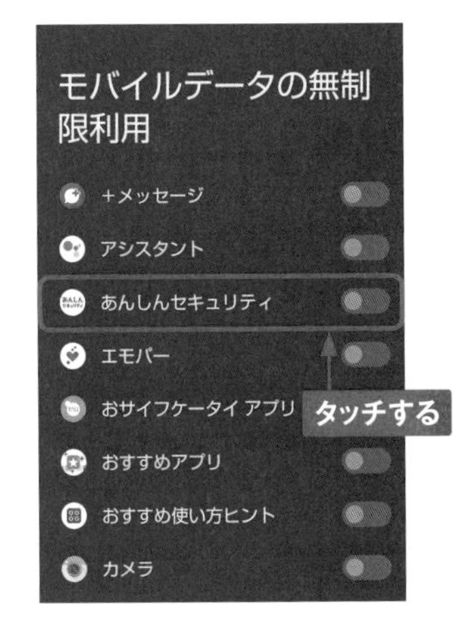

7

Section 68

Application

Wi-Fiを設定する

自宅のアクセスポイントや公衆無線LANなどのWi-Fiネットワークがあれば、5G/4G（LTE）回線を使わなくてもインターネットに接続できます。Wi-Fiを利用することで、より快適にインターネットが楽しめます。

Wi-Fiに接続する

1 設定メニューを開いて、[ネットワークとインターネット] → [Wi-Fiとモバイルネットワーク] の順でタッチします。

2 [Wi-Fi] が「OFF」の場合は、をタッチしてに切り替えます。[Wi-Fi] タッチします。

3 付近にあるWi-Fiネットワークが表示されます。接続するネットワークをタッチします。

4 パスワードを入力し、[接続] をタッチすると、Wi-Fiネットワークに接続できます。

Wi-Fiネットワークに手動で接続する

1 Wi-Fiネットワークに手動で接続する場合は、P.182手順③の画面を上方向にスライドし、画面下部にある［ネットワークを追加］をタッチします。

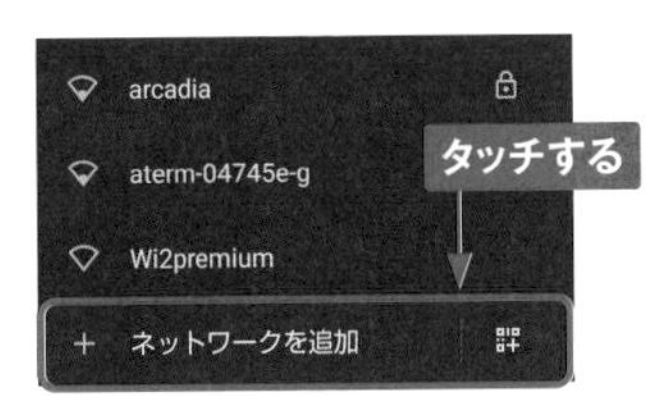

2 「ネットワーク名」にネットワークのSSIDを入力し、「セキュリティ」の項目をタッチします。

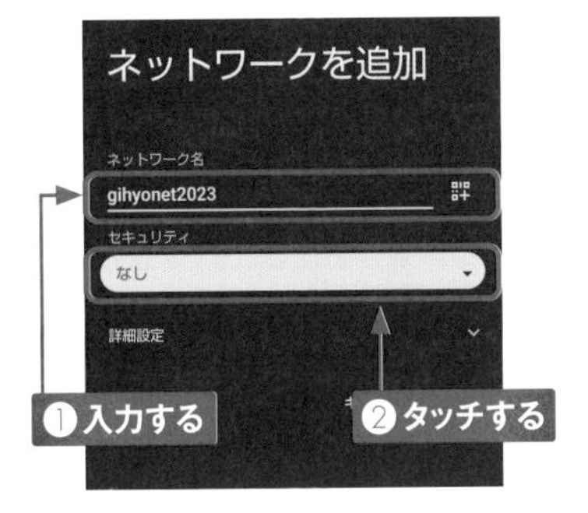

3 ネットワークのセキュリティの種類をタッチして選択します。

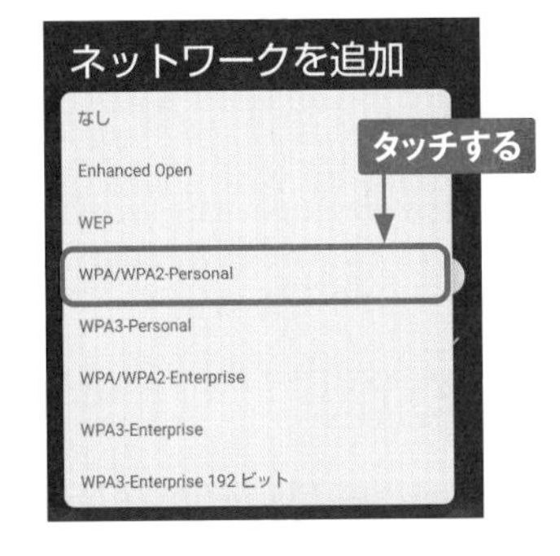

4 「パスワード」を入力して［保存］をタッチすると、Wi-Fiネットワークに接続できます。

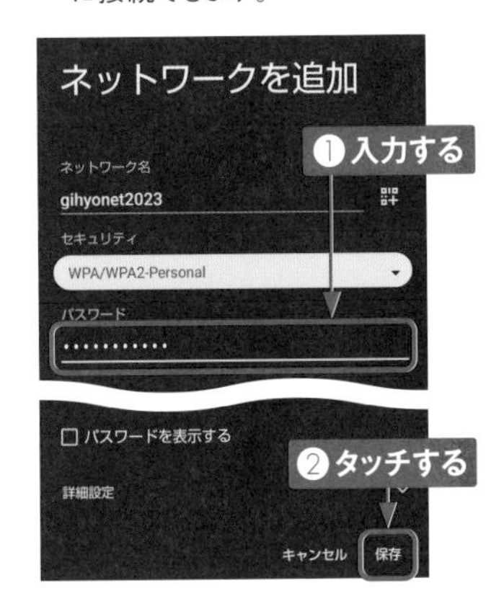

MEMO 本体のMACアドレスを使用する

Wi-Fiに接続する際、標準でランダムなMACアドレスが使用されます。アクセスポイントの制約などで、本体の固有のMACアドレスで接続する場合は、手順④の画面で［詳細設定］をタッチし、［ランダムMACを使用］→［デバイスのMACを使用］の順でタッチして切り替えます。固有のMACアドレスは設定メニューの［デバイス情報］をタッチし、「デバイスのWi-Fi MACアドレス」の表示で確認できます。

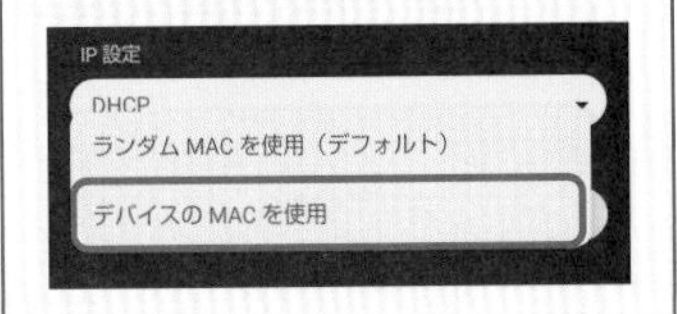

7

Section 69

Wi-Fiテザリングを利用する

Wi-Fiテザリングは「モバイルWi-Fiルーター」とも呼ばれる機能です。SH-52D／SH-51Dを経由して、同時に最大10台までのパソコンやゲーム機などをインターネットにつなげることができます。

Wi-Fiテザリングを設定する

1 設定メニューを開いて、[ネットワークとインターネット]をタッチします。

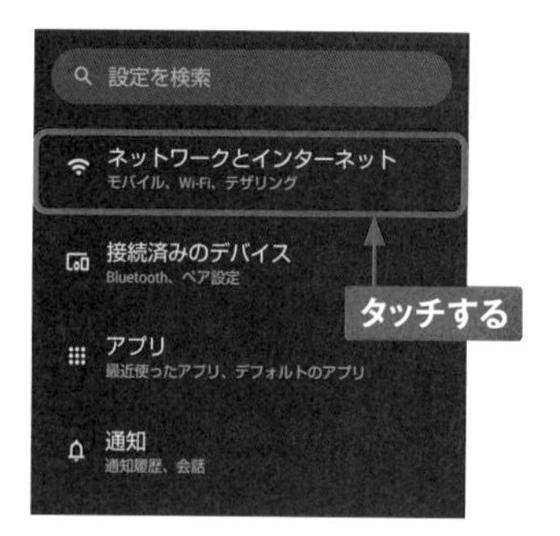

2 [テザリング]をタッチします。

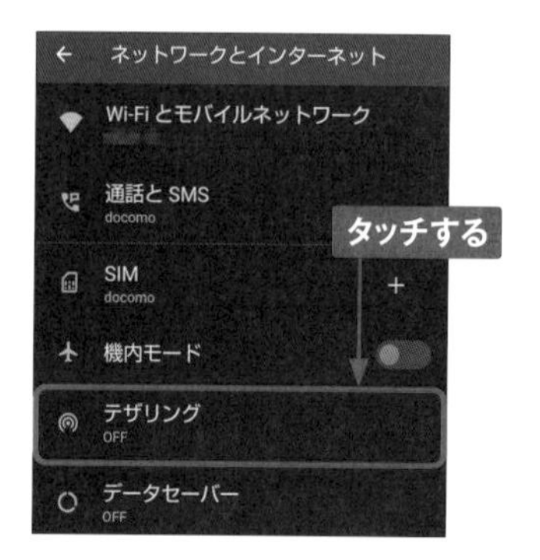

3 [Wi-Fiテザリング]をタッチします。

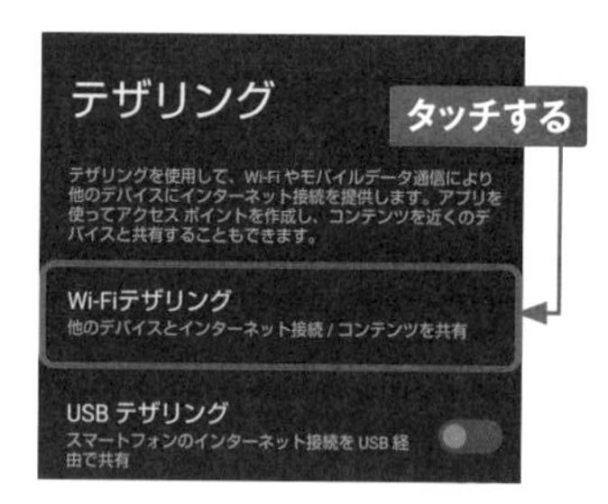

4 [ネットワーク名]と[Wi-Fiテザリングのパスワード]をタッチして、任意のネットワーク名とパスワードを設定します。

7

⑤ ［Wi-Fiテザリングの使用］をタッチして、オンに切り替えます。なお、データセーバーがオンの状態では切り替えができません（P.181参照）。

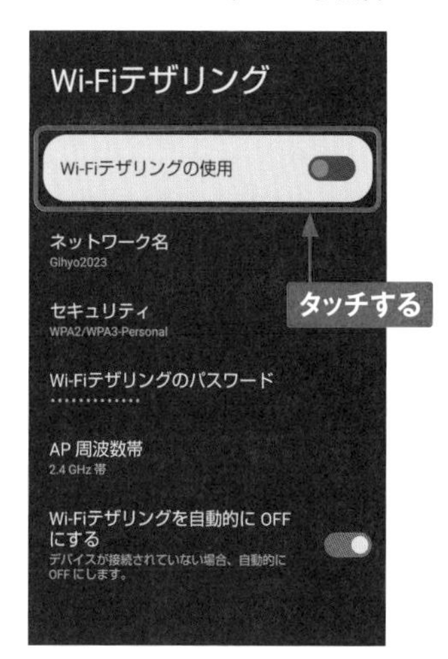

⑥ Wi-Fiテザリングがオンになると、ステータスバーにWi-Fiテザリング中であることを示すアイコンが表示されます。

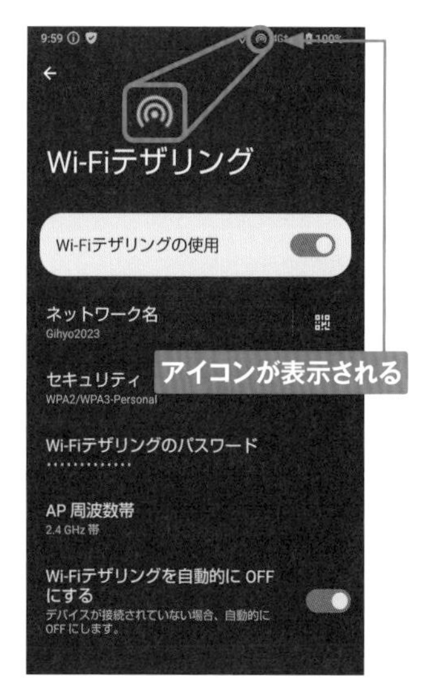

⑦ Wi-Fiテザリング中は、ほかの機器からSH-52D ／ SH-51DのSSIDが見えます。SSIDをタッチして、P.184手順④で設定したパスワードを入力して接続すると、SH-52D ／ SH-51D経由でインターネットにつながります。

テザリングオート

自宅などのあらかじめ設定した場所を認識して、自動的にテザリングのオン／オフを切り替える機能です。AQUOSトリックから設定できます（P.172参照）。

7

Section 70

Bluetooth機器を利用する

SH-52D ／ SH-51DはBluetoothとNFCに対応しています。ヘッドセットやスピーカーなどのBluetoothやNFCに対応している機器と接続すると、SH-52D ／ SH-51Dを便利に活用できます。

Bluetooth機器とペアリングする

1 あらかじめ接続したいBluetooth機器をペアリングモードにしておきます。アプリ一覧画面で［設定］をタッチして、設定メニューを開きます。

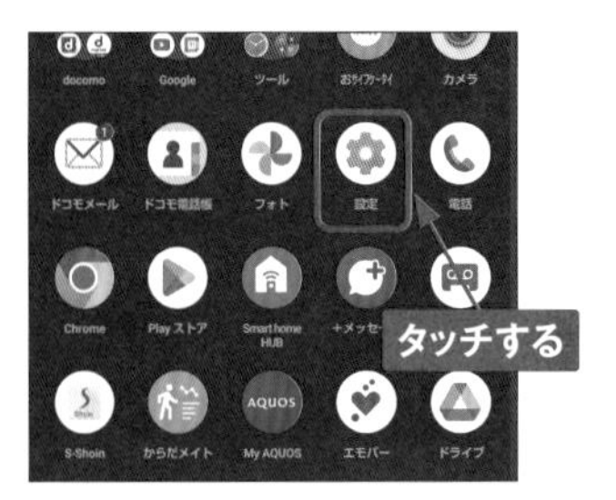

2 ［接続済みのデバイス］をタッチします。

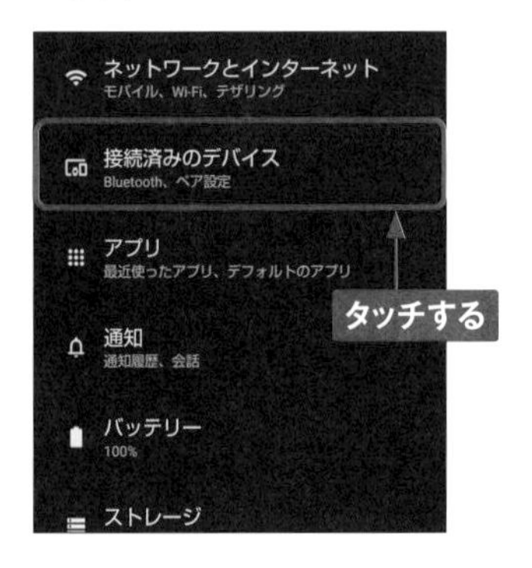

3 ［新しいデバイスとペア設定］をタッチします。

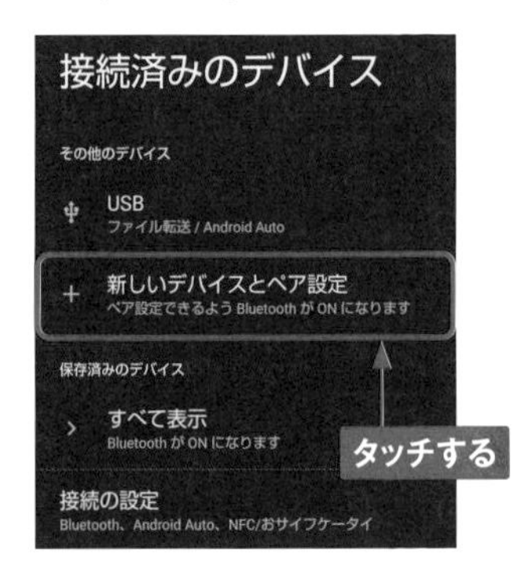

4 周囲にあるBluetooth対応機器が表示されます。ペアリングする機器をタッチします。

5 キーボードやモバイル端末などを接続する場合は、表示されたペアリングコードを相手側から入力します。

6 機器との接続が完了します。機器名の右の⚙をタッチします。

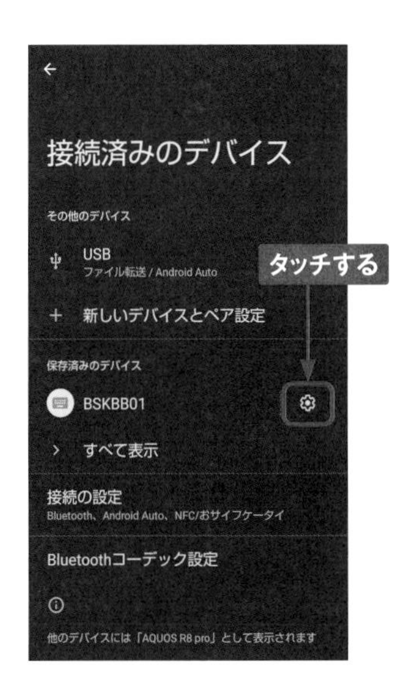

7 利用可能な機能を確認できます。接続を解除するには、［接続を解除］をタッチします。

MEMO

NFC対応のBluetooth機器を利用する

NFC（近距離無線通信）機能を利用すると、NFCに対応したBluetooth機器とかんたんにペアリング（接続）できます。SH-52D ／ SH-51DのNFC機能をオンにして（標準でオン）、本体背面にあるNFC/Felicaのマークを近づけ、表示されるペアリングの確認画面で［はい］などをタッチすれば設定完了です。以降は本体を機器に近づけるだけで、接続／切断とBluetooth機能のオン／オフが自動で行なわれます。なお、NFC機能を使ってペアリングする際は、Bluetooth機能をオンにする必要はありません。

Section 71

SH-52D ／ SH-51D をアップデートする

SH-52D ／ SH-51Dは本体のソフトウェア（システム）を更新することができます。システムアップデートを行う際は、万一の事態に備えて、Sec.52を参考にデータのバックアップを実行しておきましょう。

システムアップデートを確認する

1 設定メニューを開いて、[システム]をタッチします。

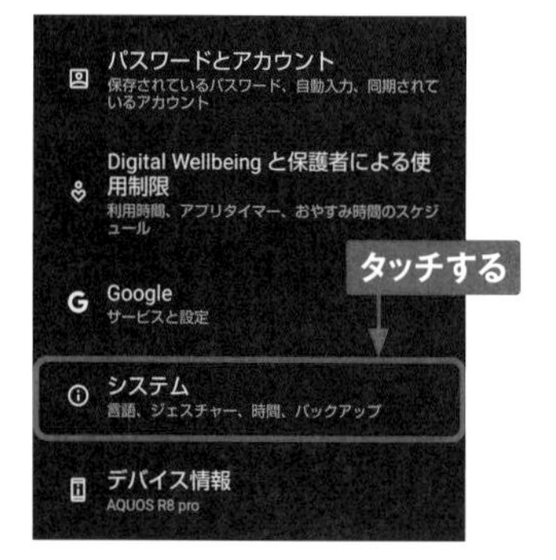

2 [システムアップデート] をタッチします。

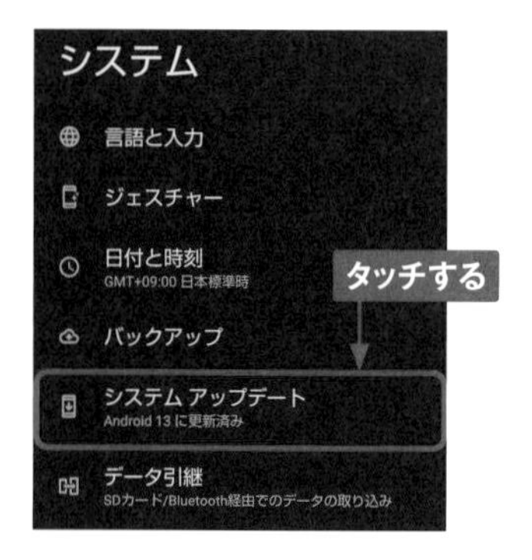

3 システムアップデートの有無が確認されます。

4 アップデートがある場合、画面の指示に従い、アップデートを開始します。アップデートの完了後、本体を再起動します。

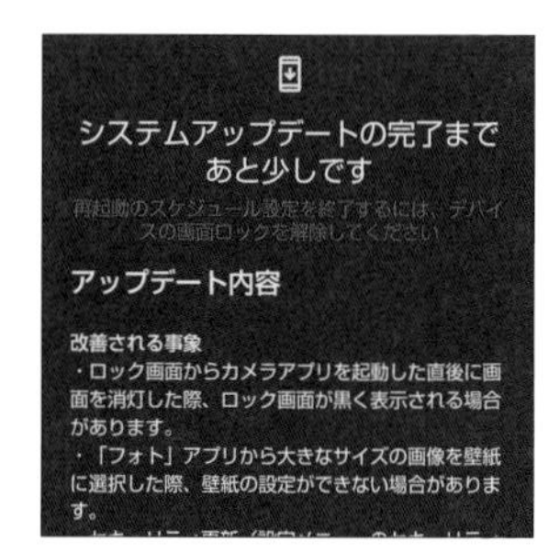

Section 72

SH-52D／SH-51Dを初期化する

SH-52D／SH-51Dの動作が不安定なときは、本体を初期化すると改善する場合があります。重要なデータを残したい場合は、事前にSec.52を参考にデータのバックアップを実行しておきましょう。

SH-52D／SH-51Dを初期化する

1 設定メニューを開いて、[システム]→[リセットオプション]の順にタッチします。

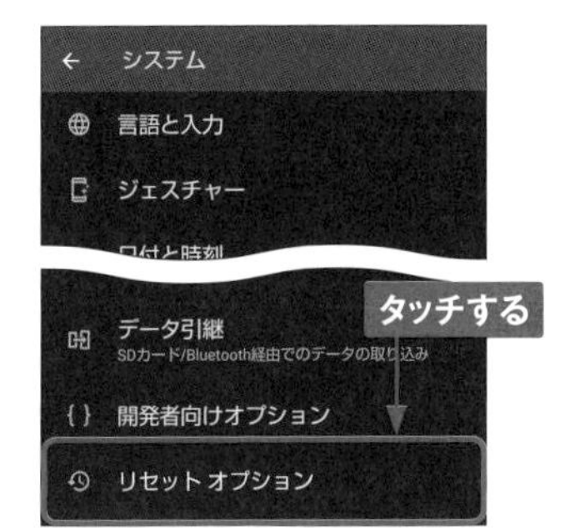

2 [全データを消去（出荷時リセット）]をタッチします。

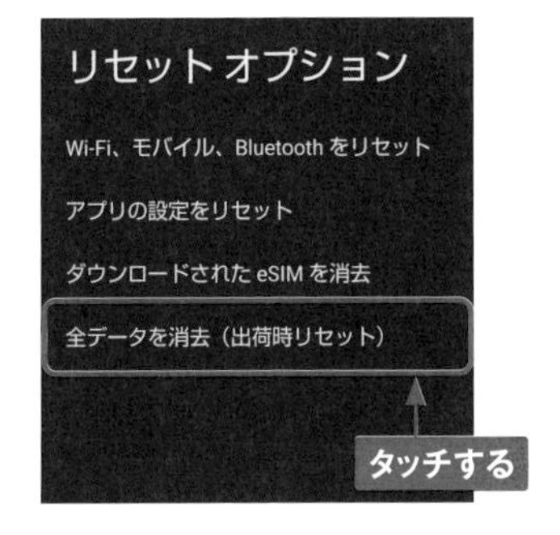

3 メッセージを確認して、[すべてのデータを消去]をタッチします。画面ロックにPINを設定している場合（Sec.56参照）、PINの確認画面が表示されます。

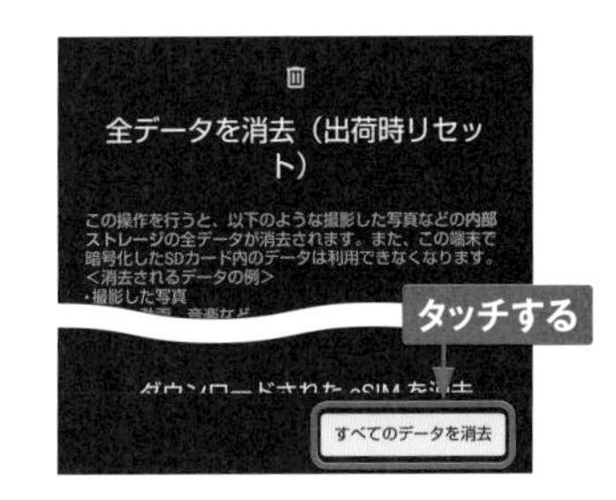

4 この画面で[すべてのデータを消去]をタッチすると、SH-52D／SH-51Dが初期化されます。

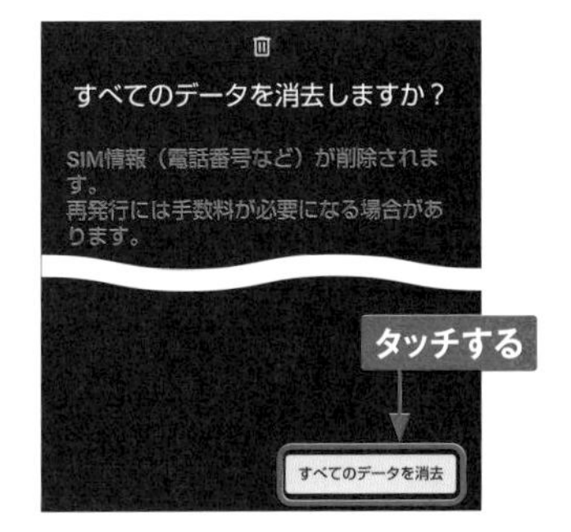

索引